舍与得的财富智慧

王雅歌 著

华夏出版社
HUAXIA PUBLISHING HOUSE

图书在版编目（CIP）数据

舍与得的财富智慧/王雅歌著. —北京：华夏出版社，2013.1
ISBN 978–7–5080–7166–4

Ⅰ．①舍… Ⅱ．①王… Ⅲ．① 企业管理－通俗读物②人生
哲学－通俗读物 Ⅳ．①F270-49②B821-49

中国版本图书馆 CIP 数据核字（2012）第 224568 号

舍与得的财富智慧

作　　者	王雅歌 著	
策划编辑	陈小兰	
责任编辑	罗　云	

出版发行	华夏出版社
经　　销	新华书店
印　　刷	北京世知印务有限公司
装　　订	三河市杨庄双欣装订厂
版　　次	2013 年 1 月北京第 1 版
	2013 年 1 月北京第 1 次印刷
开　　本	670×970　1/16 开
印　　张	15
字　　数	137 千字
插　　页	2
定　　价	29.00 元

华夏出版社　地址：北京市东直门外香河园北里 4 号　邮编：100028
网址:www.hxph.com.cn　　电话：(010)64663331(转)
若发现本版图书有印装质量问题，请与我社营销中心联系调换。

前　言

　　著名企业家蒋锡培有一次感慨地说："舍与得，是著名企业家的生存战略，我们做企业的，最难处理的也是舍与得的关系。"

　　大千世界，每个人心里都有一杆秤，来衡量值得不值得、舍得不舍得。这一取一舍的背后，往往蕴含着一种价值的判断。

　　李书福，一位拥有 19 亿美元净资产、年销售收入超过上千亿元的企业老总，舍得拿出巨额奖金来悬赏成本控制突出者，自己却穿着吉利的工作西装和几十元的皮鞋，开着本公司生产的普通汽车。这是他的舍与得。

　　马云发现，逾千名"中国供应商"客户涉嫌欺诈，当即终止他们的服务，宣布卫哲等一批高管引咎辞职，解雇了近 100 名销售人员，并拿出 170 万美元对 2 249 名受害者进行赔偿。在维护诚信和人事之间，马云断臂换将，这是他的舍与得。

　　短短 19 个月内，国内 19 位企业家离世，平均年龄只有 50 岁，突发疾病占到 63%。他们宁愿花 20 万元去吃燕窝，也不愿花 20 分钟去跑步。这是他们的舍与得。

　　世界级富豪巴菲特，把自己 99% 的巨额财富捐掉，还来华游说中国的新兴巨富捐半数财产，这是他的舍与得。

　　没有大舍，难有大得。企业家的舍得智慧，关乎事业的兴衰成败。再回首，每个人都不由得感叹，为什么走过的路总是不太顺畅，甚至悔之无及？是不是自己总想着得，却没有学会该怎样舍？

　　按人性来说，总渴望"拥有"，而不愿意"舍弃"。但是人要有所求，必先有所舍；什么都希望得到、什么都不愿放弃的人，往往一无所得。所谓"有舍有得，先舍后得；小则小舍，大则大舍；小舍小得，大舍大得"。

或许，只需换一种思路，转一个方向，任何人都有机会活得更富足、更精彩。我们可以选择慷慨，放弃吝啬；选择长远目标，放弃短期利益；选择冒险，放弃安逸；选择心无旁骛，放弃四面出击……

其实财富的奥秘就隐藏在舍与得之间。舍与得是万物运行的哲学，更是财富经营的智慧。一个人拥有什么样的舍得观，决定了他如何分配时间、金钱与资源，如何运用才干与经营人际关系，也决定了他的富足程度。懂得了舍与得的智慧，才会经营出一个厚重、丰富的人生。

从这个意义上说，本书意在引导读者关注舍与得背后的价值取向，着眼于"道"的层面，通过鲜活而精彩的案例，反映不同价值选择的得失，给创业人士和管理人士提供有益的借鉴和启示，因此不同于市面上流行的致富百招类的书。

在这里，以美国领袖学家马克斯·韦尔的话共勉：

"如果你一心想赚更多的钱，你就成了物质主义者；如果你想赚钱却又赚不到，你是个输家；如果你赚了很多钱而又舍不得花，你是个吝啬鬼；如果你赚了又花光了，结果还是两手空空、手头很紧；如果你不在乎赚和赔，那你又成了没出息的家伙；如果你赚了很多，到死还存了很多，你就是傻瓜。"

祝福大家拥有美好富足的人生！

目　录

第1章　拥有不等于富有，给予才是真正的富有 ······················ 1

有流动才有生命力 / 2

播种丰盛，收获丰盛 / 6

努力创造"被利用"的价值 / 9

节省自己，多照顾对方的利益 / 13

谁是财富的真正拥有者？ / 16

第2章　能拿得起，更要放得下 ······························ 21

敢于冒险才能创造奇迹 / 22

放下才能得着，惜财反而失财 / 26

放低姿态会飞得更高 / 29

人生就是试错，成败都是浮云 / 35

对100个"好机会"说不！ / 38

第3章　君子爱财，取之有道 ······························ 43

改变你的言语，就能改变人生 / 44

做你了解的事情 / 47

做完人，不如做自己 / 51

学会走路再开始跑步 / 55

让五斗米为梦想让路 / 59

缓慢是成功的捷径 / 62

第4章 在分享中成就财富人生 ···························· **67**

分享不是失去，而是赢得 / 68

帮别人赚钱，自己才能赚到钱 / 72

一枝独秀不如满园争春 / 76

散财以聚人，量宽以得人 / 79

为何有人专门吃亏？ / 82

把光环让给下属 / 85

第5章 君子散财，行之有道 ···························· **89**

投资在人身上是最赚的 / 90

养闲人能产生巨大利润 / 93

宁得知识，胜过黄金 / 98

舍天下之财，成天下之善 / 101

右手做的，不要让左手知道 / 104

计划就是对你的钱负责 / 108

第6章 选择上好的，放弃次好的 ···························· **113**

盖茨的时间观是一面镜子 / 114

油饼，比钱更重要的东西 / 117

与高人为伍，与智者同行 / 121

用长子权利换红豆汤是否值得？ / 124

宁可吃亏，也要取信于人 / 128

要休息，这里面包含智慧！ / 131

第7章 远离抱怨就是靠近财富·····················**137**

感恩的心离财富最近 / 138

不要抱怨没有机会，机会随处都在 / 141

与其怨天尤人，不如反求诸己 / 146

拐个弯，就能看到另一片天地 / 149

把时间花在抱负上，而不是抱怨上 / 153

第8章 不计较是胸怀，不比较是智慧·····················**157**

宽容别人，就是扩张自己的领域 / 158

心中无敌，无敌天下 / 162

走自己的路，种自己的田 / 166

千里修书只为墙，让他三尺又何妨？ / 170

善待对手，就是成全自己 / 174

第9章 简单的选择，成功的必然·····················**179**

好公司都是简单的 / 180

专注是赚钱的唯一途径 / 184

紧抓不放，不如做个甩手掌柜 / 188

找准一口井，坚持挖到底 / 191

第10章 淡定成就富足，执拗助长穷困⋯⋯⋯⋯⋯⋯⋯⋯⋯**195**

想赚钱就要把钱看轻 ／ 196

成功的秘诀为不贪 ／ 200

真富贵就是内心的平静快乐 ／ 203

享受人生，不要被钱所累 ／ 208

和气生财，生气漏财 ／ 211

有一种"高级贫穷" ／ 215

第11章 创新就是先舍后得、不舍不得⋯⋯⋯⋯⋯⋯⋯⋯⋯**219**

倒空的杯子才能被盛满 ／ 220

用新皮袋装新酒 ／ 224

做一个先知先觉的行动者 ／ 228

创新就要耐得住寂寞 ／ 231

第 1 章

拥有不等于富有，
给予才是真正的富有

为了摆脱贫穷，世俗的想法告诉人们：牢牢抓住你已经拥有的，别让它失去。但是世界上最富有的人群却反其道而行之，"给予"是他们常常做的事情。给予得越多，也就越富有。一如古老格言所蕴含的奇妙哲理一样：施就是受，舍就是得。

有流动才有生命力

你们要给予人，就必有给予你们的，并且用十足的升斗，连摇带按，上尖下流地倒在你们的怀里。因为你们用什么量器量给他人，他人也必用什么量器量给你们。

财富作为一种能量，其生命力在于和谐互动，就像活水一样，要不停地流入、流出，使之交换、循环，才能保证源源不断的生命力。

有个古老的故事，可以说明这个道理。犹太王国有一年遭遇大旱，旱情严重到连国王都亲自出动找水的地步。民间有一位先知以利亚在迦密山上祈雨。在那种光景下，水是何等的珍贵呀！以利亚却吩咐人挑水来，倒在上帝的祭坛前，一直倒到水漫成河。以至于百姓暗暗叫苦：这天上的水还没有降下来，先倒下这么多水，不是糟蹋了吗？万一老天不降雨怎么办？

但是以利亚没有理会这些，照旧吩咐人把水倒下去。

后来，上天回应了以利亚的祈祷，吩咐降下雨水，久旱结束了。

以常人的眼光来看，以利亚的举动颇为冒险。万一雨降不下来，起码手上还留有几担水。可是，计算手中有多少的人，永远看不到天上供应的活水，正所谓有舍有得，先舍后得，不舍不得，这是亘古不变的真理。

有人曾经到闻名遐迩的死海旅行，发现北部的加利利海从上游约旦河接受大量的活水，又在下游送出同量的活水，施惠给别处，有入有出，便清澈洁净，呈现出生机盎然的景象。而南部的死海，却只是接受，点滴不肯输出，结果就成为死水。没有人喜欢喝这样的死水，因为它发臭且完全丧失了生命力。

可见，只有在流动中，河水才能生生不息。一旦停止给予，一心想着守住所有的，就好比守住一潭无望的死水，最终也会使生命趋于窒息。

美国加州学者保罗·扎克教授通过研究发现，富有同情心的人活得更开心、更长寿，也少生病。尽管从短期来看，慷慨大方可能会使你损失不少金钱，但从长期来看，这将有益于健康。

美国石油大王约翰·洛克菲勒33岁时，已经是百万富翁，但在很长一段时间里，他都非常苦恼，而且重病缠身，到53岁已濒临死亡的边缘。晚年他的健康状况却大为好转，一直安享长寿，活到98岁。根据他的自述，他前半生"专门

◈ 施就是受，舍就是得

为己积财"，后半生则"专事施舍助人"。

所以，清朝商人舒遵刚领悟到："钱，泉也，如流泉然。有源斯有流，今之以狡诈求生财者，自塞其源也；今之吝啬而不肯用财者，与夫奢侈而滥于用财者，皆自竭其流也。人但知奢侈者之过，而不知吝惜者之为过，皆不明于源流之说也。"

意思是说，钱财就像流动的泉水一样。那些靠机巧欺诈获取财富的做法，就好像自己堵塞了泉水的源头；而吝啬的做法与奢侈挥霍的做法一样，都会使流动的泉水枯竭。普通人只知道挥霍浪费不应当，却不知道"舍不得"也不应当，是因为不了解流动的泉水这个道理。

仔细留心就会发现，在生活中，那些有爱心、乐意慷慨付出的人，就会吸引财富流向自己。

比如，你到一家餐厅吃饭，来了一位表情生硬的服务员，板着脸走到你面前，然后冷冷地问："你要吃什么？"接着，他把菜直接丢在桌上，等到饭菜凉了，不得不喊他过来，才动一动，结果会如何？

很明显，他是吝于给予这个世界的人，虽说他能找出各种各样的借口，比如："老板很苛刻"、"最近烦心事很多"等。但事实只有一个，他只关心自己。

如果是一位态度热情的服务员，就会微笑着问候："我可以帮您点什么菜？"然后尽其所能地服务，时常检查茶水还剩多少……虽然你和他只是萍水相逢，但他如此热情周到，结果是——他所付出的越多，得到的收入就会越多。

这两个服务员的差别在于是否具有慷慨精神。在这里，慷慨不仅是一种精神，而且是财富的源泉，这就好像有一种水泵，需要先舀一瓢水倒下去，才会抽出源源不断的活水，从这个意义上说，舍不也是一种"得"吗？

播种丰盛，收获丰盛

人种的是什么，收的也是什么。少种的少收，多种的多收，这话是真的。

农夫都明白一个道理，想怎么收就得怎么种，"少种的少收，多种的多收"。所以，要想有个好收成，就得多多撒种。人生也是一样的道理，不管你现在种下的是金钱、关系、资源，还是其他什么，将来就会收到什么；种下慷慨的种子，必能收获丰盛。

有个故事能说明这个道理。

"二战"结束后，美、英、法等战胜国，几经磋商，决定在美国纽约成立一个协调处理世界性事务的国际性组织——

联合国。一切准备就绪之后，各国政要才发现，在寸土寸金的纽约，要为一个全球性的世界组织寻得一片立足之地，竟然是难上加难。

听到这个消息，美国著名财团洛克菲勒家族决定出手相助，投资870万美元买下一块土地，无偿提供给"联合国"这个刚刚挂牌的国际性组织使用。同时，他们还一并买下周边的大面积土地。

当时很多人不解，要知道，870万美元对于战后经济十分困难的美国，可不是一个小数目，而洛克菲勒却是无条件地赠予。当时，许多美国大财团的老板嘲笑说，"这简直是愚蠢至极"，他们断言："这样下去，用不了几年，洛克菲勒财团就要完蛋了！"

几年后，联合国大楼建起来了，周围的土地很快变得炙手可热，一时地价成倍暴涨，成百倍的巨额财富就这样源源不断涌向了洛克菲勒家族。这个结局令那些讥讽他的人士个个瞠目结舌。

事后，有人将此归功于洛克菲勒超前的政治眼光和经济眼光，从表面上看是如此。但洛克菲勒本人却认为："我之所以能一直财源滚滚，如有天助，这是因为上帝知道我会把钱返还给社会，造福我的同胞。"

从少年时代起，母亲伊莱扎以自己的乐善好施影响了洛克菲勒一生。洛克菲勒曾经问母亲："我如何才能成功呢？"

母亲的回答是："第一，永远谨守'十一奉献'；第二，永远坐在教会的第一排！"

在洛克菲勒还年轻的时候，就已经养成了奉献的习惯。他曾对别人说："假如我在赚到第一笔钱的时候，没有做到'十一奉献'，那么我在赚到第一个100万的时候，我也不会这么做。从来没有人因为奉献而家破人亡，却有许多人是因为奉献而生命富足，因为一切财富都是从上帝那里来的。"

中国古代先贤老子也认为："既以为人己愈有，既以予人己愈多。"意为，你越是肯付出，越是能加倍地得到。先舍，而后得到，这是富裕的法则。

有人可能会说，我要有多余的钱，也会像洛克菲勒那样做的。其实，紧抓住有限的资源，舍不得给出去，就是一种心理上的贫穷。但如果能勇敢地种下去，种与收的定律就会开始循环运作。

不过，对于有些人来说，这样做很不实际。因为他们想要的不是将来的收成，而是当下的回报，所以有"看风的必不撒种，望云的必不收割"的说法。但要知道，很多时候，播下一粒种子，须经过漫长的时日才能获得收成。比如说，栽种橄榄树，就需要等上若干年，品质优良的甚至需要等待二三十多年才结出好果子。

可是，在漫长的人生岁月中，今天所做的每一个选择，所种下的每一样事物，都是在为明天做投资，都会随着年月的增长而萌芽生长，最终结出果实。也许潮湿的泥土会将种子浸烂，寒霜也可能会把嫩芽摧毁，恶劣天气也会妨碍子粒的成熟，但这一切都不能阻止人收取自己所种的，原来"生命不是偶然，乃是有然"。

所以，如果一个人总是收取，却从来不去种，等到自己有需要的那一天，就无法收到。拿富二代来说，他们实质上是在收取父辈所栽种的"果子"，如果他们不肯为自己的未来撒种，从上辈侥幸承袭的短暂安逸总有结束的一天。

努力创造"被利用"的价值

> 无论何事，你们愿意他人怎么待你，你们也要怎么待他人。

大多数商学院都是教人如何赚钱，如何管理企业，其实一个人或一家企业首先要具有"被利用"的价值，才是成功的关键所在！

就是说，我们被利用的程度越高，价值也就越高，地位也变得不可取代。就像互联网，使用的人越多，点击率越高，就越有价值。所以，想要成功，首当其冲应考虑的是：我能为别人做些什么？我能提供什么价值？

早在个人电脑刚刚诞生的年代，苹果公司辉煌一时，风光无限。可到了 20 世纪 80 年代中期，因为公司出现严重财政赤字，以及内部管理的分歧，乔布斯被自己所开创的公司扫地出门。此后，苹果公司开发了一件件毫无起色的产品，也更换了一拨拨的首席执行官。他们都是绝顶聪明之人，但都有一个致命的缺陷：在满足核心用户的需求上做得很失败。

在"旷野"流放了 15 年之后，乔布斯重返苹果公司。他以年薪一美元的待遇，接手重整公司。此时的他，毫不关心市场占有率，满脑子都是用户体验。他坚信苹果公司的运转是好的，只是工夫没有用在对的地方。

2004 年，在接受英国《卫报》的采访时，史蒂夫·乔布斯说："在苹果公司的骨子里有着非常强烈的信念，就是要将最尖端的科技变得更容易为人所用。"为此，他向设计师提出一个奇特建议：就像红绿灯一样，给电脑屏幕上的按钮加上颜色：红色表示关闭窗口，黄色表示缩小窗口，而绿色则表示放大窗口。

听到这一建议，设计师们都傻了！将红绿灯与计算机联系起来真是太奇怪了！但是，过了没多久，他们就发现乔布斯是对的。苹果公司的电脑按钮界面都设计得很酷，甚至让人"恨不得舔一下"。这些产品大受欢迎，为苹果公司赢得了一个巨大的市场，也使乔布斯回归之后的 13 年中，苹果公司的股价涨了 70 倍。相比之下，英特尔、诺基亚这些公司，所有的东西看上去都很好，但就是离用户的心太远。傲慢与偏见使他们很难放下身段去倾听用户的声音。

类似的例子还有很多。索尼创始人盛田昭夫有一次看到一个女孩跳绳，身边放着笨重的录音机，心想这么麻烦，有没有什么方式可以解决，于是他就发明了随身听。还有美国眼镜制造商兰德，因为希望女儿拍照之后能够马上看到照片，就发明了拍立得。

这启发人们，那些乐意被利用、洞察人心需求的企业，更容易产生巨大的价值和利益；相反，那些不愿意放下身段、不肯被"利用"的人，只会一无所获。

《摩根信札——财富巨擘给继承者的商业忠告》中记载了这样一个故事：在纽约市郊区，有一位老人经营着一家热狗店，生意出奇好，名声传遍四方。为了招徕生意，老人在路边竖了一块"全国第一热狗"的广告牌，几公里以外的来往车辆都可以看到，老人总是站在门口微笑着迎接客人，热情地招呼，很快，小店的顾客络绎不绝。

老人竭尽心力提供让客人垂涎的菜品，有刚出炉的金黄色面包，加入香脆的泡菜、风味绝妙的芥末，还有煮得恰到好处的洋葱，再由笑容满面的服务生奉上，顾客总是赞不绝口。

饭毕，老人恭恭敬敬地将客人送到门口，并挥手告别：

"谢谢你们捧场,我的热狗需要你们的支持,在店内服务的年轻人也需要赚取他们的大学学费。"由于饭菜可口,服务又热情,热狗店的回头客越来越多。

有一天,老人的儿子回家看望父亲。他是一位学者,刚刚获得哈佛大学博士学位。一看店里的情形,年轻人不禁叫了起来:"爸爸,难道您不知道现在经济不景气吗?为什么要用这么好的材料?我们需要尽量降低成本,提高利润。把广告招牌取下来吧,这会省下一大笔广告费。另外,人手也不用这么多,有两个服务生就足够了。您也不要再站在门口浪费时间。另外,我们可以找一家便宜的面包和热狗供应商,泡菜也不用这么好的原料,这些费用能省则省。您知道吗?省下的钱就是利润。"

老人心想,博士儿子比自己见识多,有学问,一定不会错,就把广告牌摘了下来,厨房的作料也换成了便宜的,只留下两名服务生在外招待客人。

过了几个月,儿子再次回到家里。店里格外冷清,只有稀稀拉拉的几个客人。老人望着道路上疾驶而过的车辆,沮丧地对儿子说:"还真让你说对了,现在经济真是不景气!"

明眼人都看得出来,老人原本具有真正的企业家精神,如果不是听了博士儿子的话,"热狗店"会越来越红火的。只是老人没搞明白,儿子的理性思考,不但没能帮助小店摆脱经济衰退的影响,反而帮了倒忙。

正如有句名言所说：无论何事，你们愿意他人怎么待你，你们也要怎么待人。这条金科玉律镶嵌在联合国的墙壁上，并不断得到现实印证。

节省自己，多照顾对方的利益

当将你的粮食撒在水面，因为日久必能得着。

三国有这样一个故事：曹操平定汉中后，欲举兵直逼刘备刚占领的西川。刘备急忙请诸葛亮商议对策。诸葛亮说，曹操分兵驻扎在合肥，是为了防备孙权。我们如果把江夏、长沙、桂阳三郡归还给吴国，再派几个能言善辩的说客上门去，对孙权陈说利害，鼓动吴国起兵袭击合肥曹营，曹操必退兵回头救援，到时候，西川就安全了。

后来的情势果然如诸葛亮所言，吴国兴兵，曹操只得放弃攻蜀而回师救合肥，刘备才获得喘息的机会，西川根据地安定了，并由此立国建业。

当时，江夏、长沙、桂阳三郡是荆州之拱卫。刘备一世枭雄，却在曹操大军压境之际乱了方寸。他提不出退兵之策，不是他不够聪明，而是舍不得将此三郡割让给孙吴。诸葛亮之智无非是把事情想明白了——刘备集团欲三分天下，必须联吴抗曹。

自古兵家、商家无不通晓这个道理：凡事须从大局着眼，为整体利益暂时放弃一些局部利益。如果企图处处得利，只会处处被动，整体失利。诚如孔明一样的智者，但凡得利时留有余地，让他人永远对自己存有希望，为后续合作留下空间。该算小账还是算大账，一目了然。

多年前，海底捞北京牡丹园店开业，生意一直不太红火。有一天下午2点多，餐厅已经打烊，只留下一名年轻服务员在门口值班。一个50多岁的男子一脸疲惫，从外面大步走了进来，边走边说，快给我来碗面条。海底捞没有面条，但是有汤圆。机灵的服务员很快就把汤圆端了上来。

客人吃完后擦擦汗，开始掏钱，"多少钱啊？"他问。

服务员笑答："不要钱。"

听到这话，海底捞董事长张勇吓了一跳，当时他就站在旁边，只是这个服务员还不认识他。客人坚持要给，但服务员坚持不收："您不是累了吗，做碗汤圆没关系的，要不下次你来吃火锅吧。"

客人走后，张勇好奇地问，为什么不要钱？

服务员给他算了一笔账："反正没生意，这么大的店面，一天租金都几万元，这碗汤圆的直接成本可能1元钱都不到。你总不能把这几万元租金都算这碗汤圆里吧。再说，我这一元钱的广告打出去，万一他在哪里说海底捞好，肯定赚的不只一元钱。"

后来，这个故事出现了令人惊喜的结局：那位客人恰好是楼上那家证券公司的老总，他回去后下了个文件，公司的普通招待餐必须去海底捞，不然发票不予报销。

可见，主动放弃小利，往往就有机会赢得更大的利益。这就是为什么很长一段时间里，作为一种赚钱模式，"免费"屡屡创下奇功的原因。还有百度、腾讯、盛大、巨人、360、阿里巴巴等企业，成功案例不胜枚举。

周鸿祎堪称中国企业界最早祭出免费大旗的人，但获得了丰厚的回报。艾瑞咨询的数据表明：因为周鸿祎的免费政策，曾连续占据中国杀毒软件头把交椅的瑞星，其市场份额已跌至33.15%，而金山已跌至13.93%，以至于后两家同行不得不放下身段，"被逼"免费。免费政策，更使阿里巴巴在与强大对手 eBay 的过招中大获全胜。

不过，如果仅仅把"免费"理解为一种功利性手段，效果就会适得其反。

某地有一家饭店，开业后一直生意清淡。老板很苦恼，后来想到了"先让利后谋利"的策略，请来当地的名人为自己做宣传，到处宣传这家饭店饭菜香、价格便宜，还免费提供啤酒，很快生意兴隆起来。后来老板盘算，觉得吃亏，心里不平衡，就在饭菜上动起了手脚，米饭比别的店分量少，菜的分量也不够足。日子一久，顾客也就不愿意上门了，生意一落千丈，最后不得不关门大吉。

显然，如果"免费"政策缺乏真诚，顾客也是不会买账的，到头来只会"捡了芝麻，丢了西瓜"。

所以，大商人的风范，多着眼于长远。李嘉诚曾说："人要去求生意就比较难，生意跑来找你，你就容易做。节省自己，多照顾对方的利益，这样人家才愿与你合作，并期待下一次合作。"

谁是财富的真正拥有者?

上帝把钱作为礼物送给我们，目的在于让我们
购买这世间的快乐，而不是让我们攒起来还给他。

在太平洋卡罗莱群岛上，有一个美丽的雅普岛，岛上盛产洁白如玉的石头。在岛民的心目中，那些石头就代表着金钱和财富。有一天，德国人登陆这个小岛后，把岛上这些代表财富的雪白石头刷上小黑十字，雅普人顿感财富丧失，焦虑莫名。后来，德国人又把小黑十字洗掉，雅普人立刻欢呼雀跃，认为财富失而复得，并出于感激帮助德国人修路。

显然，雅普人的财富并没有失去——失去的只是财富的符号而已。那些石头并不能是财富本身，更不是财富的源头。财富到底源于哪里呢？

经济学家赵晓通过对西方财富伦理之源（即马克斯·韦伯的新教伦理）研究后发现：西方人普遍认为，一切的财富都来自于上帝，广袤宇宙，短暂世间，渺小的人拥有再多，最终也不过是财富的托管者，而非财富的所有者。

所以犹太人有一种说法："金钱是上帝送给人类的最好礼物。"无可否认的是，他们也是此言最大的受益者。两千年来，尽管犹太人流离失所，但是这并没有妨碍他们从上帝那里获得"礼物"，成为"最有钱的少数民族"，以至于有一句流传很广的话说："上帝的钱袋在犹太人的腰里。"

不过，这样的财富观，似乎听起来不近常理，因为人们总是说："这是我的……"可细想起来，在人漫长的一生当中，又有多少东西是属于自己的呢？甚至放到银行账户里的钱也未必属于你，特别是这笔钱多到根本花不完的时候。

有一个故事广为流传，说的是一位财主奋斗一生，积蓄金银无数、田产万顷，于是得意地说："我有了一辈子吃穿不尽的财富，只管安安逸逸地吃喝快乐吧！"他命人拆掉旧仓房，准备建更大的仓房，好来收藏他的粮食和财物。他以为建了更大的仓库，自己的万贯家财就安全无虞了。

谁知财主的百年大计还未开始实施，死神已临近他，财主苦心积攒的财物转眼成空，从他冰冷僵硬的手指间溜走，给别人吃用、挥霍一空。

上述故事不乏现实版。1882年，在一次经济危机中，一夜之间，法国大富翁麦克通手中的1000万法郎贬值为10万法郎。很快，承受不了这一沉重打击的麦克通心脏病突发而命归黄泉。紧接着，麦克通的财产继承人——他的穷侄子，因为得到这笔意外之财，兴奋得心肌梗死而一命呜呼！二人同一天都"如飞而去"。

正因为如此，许多企业家做到一定规模后就会顿悟，再多的金钱资产，自己也不过是一个管家而已。而一个管家所要做的，就是放下财富的负累，以超脱的心态对待财富，慷慨大方地按公义的用途来使用财富，成就真正有价值的事情。如此一来，就会超脱于金钱之外，享有一种超然的轻松与自由！

这一种财富观，已经得到越来越多的企业家的认同。

企业家冯仑在《野蛮生长》中这样写道："是宗教的观念促使西方人对待钱财采取'市场加教堂'的方法，没有人嫉妒富人，因为他们只是替上帝看管，最终是要捐掉的。比如美国股神巴菲特在回答记者有关为什么不把财富留给子女时说，财富是上帝的恩赐，全部来源于社会，最后也要反馈给这个社会。而在中国，有钱人是无所畏惧的，穷人更是无所畏惧的，没有敬畏之心。在没有敬畏的情况下，有钱人就不自律，抢钱的人也不自律，于是大家在钱的问题上没有任何恐惧，也没有崇高的感觉，中国人进寺庙是为了求安生，保佑发财。西方人进教堂是要捐钱。这是中西方文化的观念差异。

福布斯"中国富豪榜"第84位的合众人寿公司董事长戴皓说："非常幸运我是财富的拥有者。财富是上天赐予的，但我不能独自拥有，要与人分享。"

"香港股神"曹仁超也承认："我只是上帝的记账员。"财富属于上帝，所以在股市的大升大落中就会看得很淡。从30年前5 000港元起家，发展至今天的2亿港元资产，这种心态使曹仁超对待钱财能够淡然处之，尽性而为，乐天顺命。

今天，许多夫妻不和、父子反目，甚至不惜贪赃枉法、作奸犯科，多半是因为把钱财看得太重。若他们能够以管家的心态来看待财富，恐怕就不会如此斤斤计较了。

说到底，财富之"水"在浩瀚的天地间流来流去，是不可能恒久地由一个人、一个家族或者一个企业拥有的。很多百年企业尚且逃不脱"富不过三代"的魔咒，那些以不法手段偷窃的"赃款"和"黑钱"，又怎能逃得过"来得快，去得也快"的宿命呢？

第 2 章

能拿得起，更要放得下

财富就如捧在手心里的沙，抓得越紧，失去得越快。放下对财富、权势、机会、面子、身份等的营谋，财富将不期而遇。

敢于冒险才能创造奇迹

人生要么是一场大的冒险，要么一无所有。

当大多数人都安于平凡、寻求保障的时候，富翁们却在冒险一搏了。说起来，这世上受过良好教育又有经商天分却无法成功的聪明人比比皆是。他们能够想出绝佳的赚钱点子，拥有战略性的梦想，却唯独缺少一样——冒险精神，所以总是迟迟不能采取行动，使之转化为现实。

美国大企业家马克·费舍尔有一位朋友，他拥有极高的智商，却是最不成功的一位。此人曾经担任美国成绩优良的大学生及毕业生组织的学会委员，有着绝顶聪明的头脑，但却患有"冒险"恐惧症。比如说婚姻，这位天才宁愿孤单一个人也不敢进入婚姻，因为他担心结婚的结局就是离婚；他总是表现得比别人聪明，却从未投资过任何产业，因为他害怕把钱放进去打了水漂。他一直苦思"为什么样样都行不通"，却始终找不到答案。

显然，如果缺乏冒险精神，即使一个人智商足够高，也无法获得成功。所谓"富贵险中求"，没有险中求利的勇气，机会上门也会失之交臂。

当年甲骨文公司的老板埃里森不仅放弃哈佛大学的学业，赚取 260 亿美元，还回哈佛鼓动学生退学，以至被警察拖下演讲台。类似的例子不胜枚举。他们之所以成功，就在于敢于选择人迹罕至的路，看来是冒险，实际上却是超越。

在《情商》一书中，丹尼尔·格鲁曼试图解释：为什么在学校成绩优秀的人，并不总能获得财务上的成功？他的答案是：情商比智商更有影响力，就算一个人智高再高，如果不敢行动，也无法致富。因此，那些敢于冒险、犯了错误然后改正的人，会比那些因害怕风险而不犯错误的人做得更好。太多的人以优秀的分数毕业，而情感上却并没有准备好去冒险，尤其是财务风险。

当然，做什么决定取决于个人选择。正如歌德所说："许多人大多数时间的工作仅仅是为了生存。"但是，独有冒险精神，可以开通机会之门，带人进入到梦想之境。所以在商业社会中，强者恒强，弱者恒弱；富者越富，贫者越贫，这一"马太效应"无处不在。

2003 年，如家酒店创始人季琦正处在人生的十字路口。一场空前的非典危机席卷而来，许多公司纷纷倒闭，初创时期的如家也遭受了空前的危机。董事会决定停止新项目、裁人、减费用，整个团队受到很大的打击。

但季琦是一个不轻言放弃的人，尽管经历了"内忧外患"——内部不能完全认同部分董事的意见，创业元老纷纷离开；外部是不知道何时结束的"非典"，酒店生意受到很大影响，投资人天天找上门来骂——但他还是觉得有必要冒险一把。

今天看来，这样的冒险并不是盲目的，而是经过深思熟虑的。季琦分析，非典会造成两种结果：第一种，非典可能像欧洲的黑死病一样，使中国失去四分之三的人口，延续两年。如果是那样的话，无论再怎么努力，都无济于事，自己是死是活都不知道。别说开酒店，可能除了开药厂，做任何生意都不会好；第二种，虚惊一场，六个月、一年不到的时间，这场灾难就能过去。如果是第二种情形，恰是如家发展的大好机会，应该全面快速地租楼。

彼时出租楼的生意淡得不能再淡，结果如家轻而易举地租到了最好、最便宜的一批楼房，事业搭上了快班车，四年后如家就顺利地在美国纳斯达克成功登陆。

用了 10 年时间，季琦成功创建了 3 家市值过 10 亿美元的企业——携程、如家、汉庭。而这几家企业在创建中，都分别遇上互联网泡沫破裂、非典和金融危机。

其实，人生每一次险境，都蕴藏着超乎寻常的机会。而每一次选择和放弃，都需要超乎寻常的勇气，都需要战胜内心所有的恐惧，才能跳跃在众山之上。

被称为"中国青年导师"的李开复，人生中有过好几次勇于放弃的经历。后来他意识到，这些冒险之举，最终成就了今天的自己。

1990年夏天，年仅28岁的李开复，已成为卡耐基·梅隆大学最年轻的副教授，只要再坚持几年，就可以得到终身教授的职位，这意味着一辈子的安稳和保障。然而，微软公司的一个邀请却打破了李开复平静的心境。戴夫·耐格尔邀他加盟的说辞颇具挑动性："开复，你是想一辈子写一堆废纸一样的学术论文呢，还是想用产品改变世界？"

李开复毫不犹豫地选择了后者。随后，他感觉就像是获得了自由。

接着，他又放弃了微软的人脉，放弃了继续与比尔·盖茨工作的机会，放弃了那安稳的工作，加入了Google中国。这样的冒险一跳，后来还发生了数次。

2009年9月，在种种质疑声中，年近五十的李开复又华丽转身，从一名优秀的职业经理人转型为老板，成立了自己的企业——创新工场。

一生之中，不管我们做什么，都必须在冒险与谨慎之间做出选择。但当你心中的声音足够强烈的时候，就不该有丝毫的迟疑；因为，每一次冒险过后，都会带来更加精彩的人生。

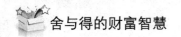

放下才能得着，惜财反而失财

　　　　有施散的，却更增添；有吝惜过度的，反致
穷乏。

　　在古埃及法老图坦卡门的坟墓里，有两个金罐装满了麦子，但是这些麦子只是徒有其名，用手一碰就灰飞烟灭。本来"它"是想保守自己到"永生"的，结果变成了"永死"。相反，在金字塔外的尼罗河边，麦子却生长得极为肥美。

　　所以，有一句流传甚广的话："若是一粒麦子不落在地里死了，仍旧是一粒。若是落在地里死了，就结出许多子粒来。"意思是说，种子的寿命都有期限，如果一粒麦子不及时种到地里，放久了也会死，不能发芽；而它放弃生命，落在地里死了，就什么都没有了吗？不是的，恰恰相反，这粒麦子落在地里死了，就会发芽生长，产生新的生命，结出许多子粒来。

　　如果舍不得这一粒麦子，永远只有"一粒"。但要"结出许多子粒"来，只有一个方法——让它死掉。

　　学会舍弃——这就是富裕的代价。很多时候，放下才能得着，甚至得到 30 倍、60 倍甚至 100 倍的增值回报。

日本"经营之神"稻盛和夫大学毕业时，恰逢日本经济严重不景气，几经周折后他才进入京都一家小公司工作，被安排在制造部研究课，从事高频绝缘性强的弱电用陶瓷的开发。

然而没有想到的是，当他穿着哥哥特意送给自己的西装，像一个出征的士兵一样，踌躇满志地跨进公司的大门时，却很快就陷入沮丧之中。原来这是一家濒临破产的企业，薪水总是一拖再拖。

公司里的老人告诉稻盛和夫，"在这里干久了，连老婆都讨不到"。眼看同事们一个个相继辞职，另寻他就，稻盛和夫也陷入了迷茫当中。但当他开始认真考虑跳槽的问题时，弟弟提醒他，现在工作很难找，全家人都在依靠他的收入维持生活。

经过一番考虑，稻盛和夫决定放下自己，"埋头到工作中去"，先倾注全力把眼前的工作做好。经过数年的潜心研究，稻盛和夫取得了惊人的成果，公司大加褒奖。27 岁那年，他成功地创办了自己的企业。

后来，稻盛和夫总结说，如果那时不肯放弃自己的想法，执意要找到比较理想的工作，并身处更优越的环境，或许今天就没有机会取得这样的成就。

正如老子所言：甚爱，必大费；多藏，必厚亡。也就是说，过于爱惜，就必定会付出更多的代价；过于积敛，必定会遭到更为惨重的损失。不论是人际关系、时间，还是财富，在人生的许多领域中，都是如此。

有位朋友谈到一位同事，节俭到了这样一种地步——几乎从来不买早点，从同事那儿能蹭则蹭，蹭不到就饿着。他有抽烟的习惯，但从来不带烟，遇到了同事就讨一根抽，借钱后总是很健忘。按理说，这样省，日子久了，也会过得比较富裕吧？

不料世事难测，几年之后，儿子一场重病不但花光了他所有的积蓄，还不得不开始向亲朋好友张口借钱。以他一贯的为人，愿意借的没几个，除了几个本家亲戚，其他人都躲得远远的。到了这个地步他才开始明白，自己的人际关系早已负债透支了。

节俭本是美德，但过于吝啬的做法，就是"甚爱必大费"了。正所谓"有施散的，却更增添；有吝惜过度的，反致穷乏"。

节俭和吝啬，有着本质的区别。吝啬使人远离本真，性情鄙下，以至于人格发生扭曲，就如《儒林外史》中因多燃一根灯芯草而难以瞑目的严监生，或果戈里小说中所描写的财主泼留希金——他们以为金钱万能，却忽略了健康、人际关系，最后反而断绝了得财的门路。

有一个更极端的例子。《史记·越王勾践世家》曾记载了一个故事：

范蠡二子在楚国被捕后问斩，他想派幼子行贿抵罪，但长子以死相激坚持要去，范蠡之妻也从旁劝说。不得已，长子去见关键人物庄生，奉上千金，庄生接受了，便在楚王面前称星相不利，需要大赦天下才能补救，于是范蠡二子得到大赦。

不料，范蠡长子向来舍财如割命一般，如今听到大赦天下的消息，以为二弟本该被释放，于是就舍不得千金，上门又找庄生讨了回来。这下惹火了庄生，他就在楚王面前进言说，百姓中有流言出来了，说大赦是因为楚王受了范蠡的银子，为的是要赦范蠡二子。楚王闻此大怒，仍然大赦天下，独诛范蠡二子。结果，范蠡长子不肯舍财，赔上了弟弟的性命，实在是太不值了。

放低姿态会飞得更高

人的高傲，必使他卑下；心里谦逊的，必得尊荣。

常胜将军赵子龙一生征战沙场，几乎每战必克。长坂坡上救阿斗，有万夫不当之勇；蜀国伐吴之际，直谏刘备，有胆有识；靠"空城计"胆大心细退曹兵，谋略超人。

同为五虎上将，为什么关羽、张飞也曾叱咤风云，但结局甚惨呢？

《资治通鉴》中曾评价说：关羽、张飞刚愎自用，居功自傲，不知克服自己的缺点，岂有不败之理。所以，老子提倡"大者宜为下"，意在告诫强势一方的管理者，应戒强戒刚，物壮则老，过强易折。只有放低自己，海纳百川，才能从外界的环境获取助力，长成大树。

企业家冯仑在创业中接触到形形色色的人，从中发现一个有趣的规律：从待人接物的方式就能看出一个人的未来——凡是狂妄自大、教育别人的，后来的发展或结局都不太好；凡是特别温和和谦虚的，发展都很不错。所以西方谚语有云："人的高傲，必使他卑下；心里谦逊的，必得尊荣。"

真正的谦卑，其实无损于一个人的高贵。就像斯拉夫谚语所说的："鹰有时飞得比鸡低，但鸡永远飞不到鹰的高度。"许多商界领袖虽然拥有很大的权力与尊贵，但处处流露出低调的谦和。

香港才女林燕妮因工作关系与华人首富李嘉诚有过接触。那时，她开办的广告公司与长江实业公司有不少业务来往。广告市场是买方市场，只有广告商有求于客户，而客户不用担心有广告无人做。林燕妮常常遇到不少颐指气使、盛气凌人的客户。

有一天，林燕妮带着公司的业务员，到李嘉诚的公司联系广告业务。到了地下电梯门口，有一位长江公司的员工引领他们上楼。来到楼上，李嘉诚先生竟然在那儿等着他们。见到他们到来，李嘉诚谦恭地迎上前来，亲切地与他们握手。那天下雨，林燕妮的身上被雨水打湿了，李嘉诚见了，便待她脱下外衣后，亲手接过，转身挂在衣帽钩上。那种姿态，一点儿不像一位家财万贯、一呼百应的大老板，倒像一个谦卑而不失恭敬的小服务生。

　　这实在出乎这位才女的意料。一迎一送，看似微不足道的两个细节，却彰显了李嘉诚做人做事的谦卑和细致。

　　很多昙花一现的企业，创业之初领导人还比较谦卑低调，但小有成就后，却任由傲慢自大而毁了自己！一个缺少谦卑精神的领导人率领下的团队，或许能获得短暂的成功，却难以保证长久的成功。

　　若干年以前，太子奶集团处于无限风光的巅峰期，那时，创始人李途纯领导下的太子奶是中国乳酸菌品牌，曾经在中国乳酸菌饮料行业占据"龙头"地位，市场份额高达70%以上。

　　2005 年之后的三年间，太子奶走上了大跃进式的扩张之路，厂房顶上赫然矗立"十年以后销售超越一千亿"几个大字。那时，豪气云天的李途纯洋洋洒洒写成"千年构想"，将企业奋斗目标设定为：造就"100 个以上 100 万富翁，20 个

◈ 只有放低自己，海纳百川，才能从外界的环境中获得助力，长成大树

以上 500 万富翁，10 个以上 1000 万富翁，5 个以上亿万富翁"；更放言，"要进入世界 500 强"，"做千年企业"。

过去的成功很容易使人对自身的能力产生错觉，以为自己掌握一切，就可以创造一切。从 100 万元起步到最高峰 50 亿元的辉煌，李途纯的自傲和胆识业内有名。2007 年，为解决资金燃眉之急，李途纯走上"对赌"之路。太子奶引进英联、摩根士丹利、高盛等风险投资 7 300 万美元，占离岸合伙公司 30% 股权。同时，双方还签订了一份"对赌"和谈：在收到 7 300 万美元注资后的前 3 年，如完不成 30% 的业绩增添，李途纯将失去控股权。

"对赌"后，李途纯开始加速从经销商手中圈钱，各类现金奖励、折扣的比例越来越高。仅在 2008 年 2 ~ 7 月，太子奶即经由这种体例筹得资金 5 600 万元。

事实上，此前，太子奶根本不缺钱，成为 1997 年央视广告标王以后，企业爆发式增长，甚至有大量资金囤积，但李途纯把它们大多用在扩张上。几年间，湖南株洲、北京密云、湖北黄冈、江苏昆山、四川成都同时启动五大乳酸菌生产研发基地，形成"东西南北中"的全国性战略布局。可事实上，仅黄冈一个基地的产能就能满足集团的全部销售。其间穿插的，还有频繁的资本腾挪术——用大量的经营性资金圈地，再放到银行贷款，争取另外一块地，如此反复。

2008 年，因为高速扩张，太子奶资金链断裂，李途纯发布败走"对赌门"，三大投行以再注资 4.5 亿元的承诺，迫使他交出所持的 61.6% 的股权。此后，太子奶集团从兴盛走向衰败。

2010 年 7 月 23 日，太子奶集团进入破产重整程序。李途纯因涉嫌非法吸收公众存款被检察机关批准逮捕。

最终，李途纯不得不承认高估了自己："在重大问题的处理上，在风口浪尖时，没有把握好，还是过于自信。"

无独有偶，当年中国民营物流业"教父"陈平，从自己一手创立的"宅急送"负气出走，而后开创星晨急便新时代，直到 3 年后企业倒闭，也开始反思："我也有危机意识和风险意识，但是有一点，就是觉得我陈平无所不能，我觉得就算我离开宅急送，我孤家寡人一个，还是可以再造一个宅急送。这是我最大的问题，把自己的力量夸大，把宅急送一个偶然的成功看成了历史的必然，认为宅急送能成功，我再做一个肯定也能成功。"

近一二十年以来，中国企业界陆续发生众多兴衰往事：资金市场的德隆、房地产业的顺驰、"钢铁之死"的铁本、生产空调的万家乐，所有的失败几乎都流于同一个通病。

事实上，任何一家企业的快速发展离不开各方助力，比如党和国家的政策、社会的支持、政府有关部门的扶持，如果自我过于膨胀，失去控制，幸运也难以长久持续。

人生就是试错，成败都是浮云

> 遇亨通的日子，你当喜乐；遭患难的日子，你当思想。

生命好比一场旅行，有时会登上高山，有时也会遭遇低谷。处于巅峰的时候，人常常自信满满，觉得自己很行，而在跌入命运低谷时，又容易一蹶不振，郁郁寡欢。

其实，失败是人生的常态。人之所以会失败，是因为自己无法预知将会遇到什么，无从知道如何应付这些变数，也就必然经历这样一个失败、修正、学习的过程。人生就是在不断试错中循环往复。

很多时候，生活总喜欢和人们开玩笑——瞬间好运转化为厄运，厄运又很快柳暗花明，起死回生，这是常常发生的事情。所以有句话说得好："遇亨通的日子，你当喜乐；遭患难的日子，你当思想。"也就是说，顺境之中有快乐，而在逆境中要反思自己，从中发现问题，吸取教训。

在美国商界有一种流行说法："20 年前，董事会在讨论一个高级职位的候选人时，有人会说，'这个人 32 岁就遭受过极大的失败'。其他人会说，'是的，这不是个好兆头'。但是今天，同一组董事会却会说：'让人担心的是，这个人还未曾经历过失败'。"

比尔·盖茨经常冒着失败的危险，雇用犯过错误的人。"失败表明他们肯冒险，"他说，"人们对待错误的方式是他们应变的指示器。"如果一个失败的人，珍惜他在人生低谷收到的这份礼物，淡定从容，从失败中成长，必能使心灵走向成熟，再度崛起。

1997年，巨人集团一夜之间负债2.5亿元，很多人都说史玉柱完了，周围朋友和媒体都在评论和"讨伐"他的失误。成为"负翁"的史玉柱一个人跑到西藏待了很长时间，夜深人静的时候，他甚至曾想过自杀。当时媒体整天盯着这位有史以来"最著名的失败者"，失踪、潜逃、背叛、躲避现实、奸商等词语和他紧紧联系在一起。

不过，史玉柱很感谢这一段逆境的时光："成功的经验往往是扭曲的，失败的教训才是真正值钱的，我从中学到了许多。"此前，风光无限的他，对下属的一些意见根本不屑一听。

沉寂几年之后，史玉柱勇敢面对错误，重整事业，找出许多隐藏在错误中的智能珍宝。重出江湖的他，谨慎克制自己的投资欲望，把投资领域收得非常窄。此后十多年间，他只做了三件事：卖脑白金、买入银行股、做网游。而在保健品当中，几年时间只做脑白金一个产品，早在20世纪90年代就拿到的黄金搭档，直到 2002 年才最终推出。

经过这场"牢狱般的历练"，史玉柱由衷地庆幸："在西方人眼中，只要你是一个创业者，如果你失败过，就会学到东西。美国这些基金非常欣赏我以往的经历，他们觉得有失败的经历，才敢给你投钱。"

实际上，没有尝过失败滋味的人，最容易滋生骄傲之心，对可能遇到的麻烦或风险失去耐心，甚至一遇到困难，马上灰心沮丧，没有信心坚持下去。

2005 年，中原地产老板施永青清楚地记得，当他向要好的朋友透露，打算办一份免费报纸时，朋友拼命劝阻，因为香港报业竞争激烈，很少有不亏本的。"如果你想让一个人破产，就让他去办报！"这句话在香港广为流传。说实话，这一项目耗资不菲，施永青预期，新报纸初步投资 5 000 万元，如有较理想的效果，就再追加投资 5 000 万元。对于失败的后果，施永青早就想得很清楚，绝不会未加考虑就盲目上路。所以，从一开始他就设定了底线，一旦超过这一底线就不再加码，免得拖得越久，越舍不得抽身。

不出所料，这份被命名为《am730》的免费报纸刚试水就开始亏损，每月亏三四百万元，一连亏了 23 个月，钱像流水般撒出去。好在施永青对困难早有心理准备，所以临危不惧，淡然处之，否则很可能早早放弃了。到后来，这份免费报纸开始盈利，而且还利润不菲。

原本人生就像冲浪，每个人都免不了遇到几回翻板，错失几波浪潮，但这并不意味着就此放弃。一城一池之得失，不决定最终胜负。重要的是十年、二十年以后你站在哪里。不狂傲，不放弃，相信总有转机存在，你的人生会越走越宽广。

"这是最好的时刻！"丘吉尔在说这句话的时候，正是伦敦饱受德军轰炸的时候。

对 100 个"好机会"说不！

你们要谨慎行事，不要像愚昧人，当像智慧人。

今天的世界，是一个投机赌博的新经济时代。机会总是以诱人的面孔出现，披着华丽的外衣，有着最动人的前景。而当热潮过去之后，有多少企业、多少人折戟沉沙。成功，往往就是一个对机会说"不"的过程。辨别风险，把握时机，才能果断地舍弃。

比如在 1992 年的股市"疯潮"、1993 年的房地产热潮、2000 年的互联网泡沫潮中，企业界流行"什么赚钱做什么"。有一阵海南房地产很热，利润非常之高，有人鼓动柳传志说："老柳，咱们去干干！"柳传志说不行，一是越界的事不能做，他也知道一些内幕，当时搞房地产主要是靠关系；二是联想的主业是计算机，没有那么大精力和资金去做其他的。

后来，联想还经历过炒股的诱惑，柳传志召集开会，冷静分析利弊：到底企业该不该做这些事情？我们的优势在什么地方？研究清楚以后，大家就定下来了，联想只在信息领域多元化经营。

柳传志知道，太过于投机的事情，稍微一有闪失，就有可能翻船，甚至全军覆没。但联想有些高管却认为，这会错过扩张事业和赚取更多财富的机会，甚至有人断言，"一业为主，不营其他"的产业结构是十分危险的。

然而，事实总是胜于雄辩。联想没有炒过股，也没有经营过房地产，因此在房地产大潮过去后，很多高科技公司都遭遇了巨大损失，但联想丝毫没有受到影响。不仅如此，联想走过了稳健发展的几十年，凭借着强大的互联网技术，成为全球第二大 PC 厂商。

"如果当时不是一心一意只做计算机，别说后来在国内领先、打到国外，恐怕在国内生存也难说。"后来，联想创始人之一张祖祥庆幸地说。

后来，柳传志总结道："联想之所以能坚持下来，就因为不管别人是什么样，我们一心朝着自己的目标努力，决心要用自己的技术，做自主品牌的电脑。回忆起来，这其实就是我们公司做人、做事的原则——把企业想做的事做好，不受其他事情的诱惑。"

对机会难以说"不",这是多少英雄豪杰倒下的根由。套用托尔斯泰的一句名言：失败的企业是相似的，成功的企业各有各的不同。从托普集团自辉煌到没落的轨迹中，可以清楚地看到这一点。

若干年以前，托普掌门人宋如华处于无限风光的巅峰期，那时，托普是中国最大的软件基地，拥有内地及香港三家上市公司和近100亿元资产，有"软件帝国"之称，宋如华本人资产超过7亿元，在2002年福布斯中国内地富豪排行榜上列第77位。

随着托普如日中天，宋如华内心的欲望日渐膨胀。从软件到传媒、到金融，再到IT制造业，摊子越铺越大。托普的一位高层说："他总是在一个项目还没有成功的时候，就匆匆忙忙推出另一个项目。"

2002年11月，有业内人士看出托普潜藏的危机，对宋如华提出质疑说："托普现在摊子铺得很大，让人想起当年的史玉柱。如果资金链突然断掉，托普就会出现危机。"

但宋如华却掷地有声、稳操胜券地说："托普和巨人完全不同。我用两三年时间，就可以把投资收回来。我做任何投资，首先是分析市场，永远不会把市场忘掉。"

不到两年，此话犹然在耳，托普却已然土崩瓦解，托普集团及其旗下上市公司官司缠身，在4个月间就出现了12次重大诉讼，负债累累。宋如华旋即远遁美国，留在其身后的，是跨越 10 省 12 城市总额近 30 亿元的债务黑洞。2005 年 5 月，中国证监会宣布对宋如华实施"永久性市场禁入"。

其实，大学教授出身的宋如华对失败并非毫无警觉。1997 年，他专程去看望危机中的巨人集团史玉柱和南德牟其中，试图从他们那里汲取教训；他还专门研究过三株吴炳新的败局案例，认为"巨人和三株之败都是因为不懂资本经营"。可悲的是，他始终没有找到问题的真正根源所在。

第 3 章

君子爱财，取之有道

一个人要有独特的眼光，有过人的胆识，在取与舍之间权衡利弊，抓住身边每个稍纵即逝的机遇，才能成为最大的赢家！

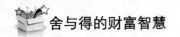

改变你的言语，就能改变人生

　　　　生死在舌头的权下，喜爱它的，必吃它所结的
果子。

　　2008 年 5 月，汶川大地震发生之后，好莱坞性感女星莎朗·斯通抛出冷血言论："这是报应。"此话一出，举世震惊，其人形象旋即跌落谷底。事后，尽管莎朗·斯通百般努力，试图悔过，依旧难以平息众怒。很快，好莱坞片商换角，她所代言的化妆品广告也遭到撤换，一夜间损失约 5 600 万美元，由此可见言语的影响力有多大。

　　其实，国人早就知道"一言兴邦，一言丧邦"的道理，所谓"众口铄金"，"千夫所指，无疾而终"。西谚也说：人会吃自己话语所结的果子——一句良言就像一颗好种，种在土里会结好果子；而一句恶语只会结坏果子。你选择说什么话，就会带来什么样的后果。

　　有一位高中田径队教练，把孩子们分成三个集训小组，然后做了一个心理实验。

　　教练对第一组成员的表现大加赞赏："表现卓越，太棒了！"第二小组则被告以"不错，如果你们能把膝盖稍微抬高一点儿，步伐再稳一点儿，就可以了"。至于第三组，得到的话则是"真搞不懂你们是怎么回事，就是抓不到要领"。

实验的结果是，第一小组获得最好的成绩。而事实上教练心里很清楚，这三个小组的队员无论是身体素质，还是体能、技能水平，都不相上下。

心理学家莫顿将这一现象称之为"自我实现的预言"。这就是在萧伯纳名剧《窈窕淑女》中为人所熟知的"匹格梅林效应"。该剧取材自希腊与罗马神话中的一个角色匹格梅林，这名神话中的主角深信他所刻的雕像非常美丽，终于使雕像变成生命。

所以，如果人总是得不到正面鼓励，就会丧失了志气。观察那些在父母消极、负面话语环境下长大的孩子，往往头脑充斥着负面思想。当他长大面临各种困难时，脑中浮现的就是失败想法："我不能"、"我做不到"、"我没办法"。相反，一个在父母正面鼓励中长大的孩子，则充满自信。因此，当他遇到困难时，他的心思是："我一定可以做到。"由此，我们可以看出话语带给人的影响力有多么大。

世界最神奇的吸引力法则也证明："如果有人称赞你，你会把事情做得更好。你付出得越多，你接收得也越多。一元钱翻倍 21 次，就变成一百万元。"也就是说，言语影响自己也影响别人，甚至影响到一个人的财富。

美国钢铁大王安德鲁·卡耐基曾是与洛克菲勒、摩根齐名的美国经济三巨头之一。说到自己成功的秘诀，卡耐基说："我具有鼓舞士气的力量，这是我所拥有的最大资产，我从来不批评，从来不挑毛病，我善于称赞，乐于赞美。"

不仅如此，卡耐基慧眼相中的第一任总裁查理·夏布也同样具有激发人们热情的能力。查理·夏布一向相信："促使人将自身能力发展到极限的最好办法，就是赞美和鼓励。我从不批评他人，我相信奖励是使人工作的原动力。如果说我喜欢什么，那就是真诚、慷慨地赞美他人。"

后来，查理·夏布成为当时美国少数年收入超百万美元的CEO。

反之，当一个人发出的批评和否定越多，所招惹来的负面能量也会越多。在商界，因"口无遮拦"而引火上身的也不乏其人。

2008年，王石一句"普通员工限捐10元，不要让慈善成为负担"触犯众怒，网友不依不饶，万科不无公关色彩地通过了1亿元援建四川灾区的议案，而持续20多天的"捐款门"使万科损失超过10亿元，可谓活生生的"话语影响财富"之明证。

无独有偶。2011年1月，当当网CEO李国庆在微博上展开骂战，矛头直指为当当上市服务的投资银行："为做俺们生意，你们丫给出估值10亿～60亿，一到香港写招股书，总看韩朝开火，只写七八亿，别 TMD 演戏。我大发了脾气。老婆享受辉煌路演，忘了你们为啥窃窃私喜。王八蛋们明知次日开盘就会 20 亿，还定价 16，也就 11 亿……"大意是指责 IPO 主承销商摩根士丹利压低发行价格，以赚取高额利润。

谩骂不但不能解决问题，反而将矛盾激化，此话一出，立即激怒了众多投行人士，两名来自当当 IPO 主承销商摩根士丹利的女员工，15 日和 16 日连续两天和李国庆"过招"，双方言语激烈，大战几十回合，引来近 4 000 位网友围观。

在李国庆骂阵后的首个交易日，当当网股价暴跌 8.3%，次日再跌 7.34%，收于 28.77 美元，与事发前 33.80 美元的收盘价相比，两天内当当市值蒸发约 3.92 亿美元。

世上有三件事是收不回来的：说出的话，冲力已尽的箭，失去的机会。所谓口舌之祸，不可不慎。改变你口中的言语，就能影响整个人生。

做你了解的事情

愚蠢的人是话都信，通达的人步步谨慎。

有句话说得好，少犯错误的人，成功几率要比犯错多的人高得多。一着不慎，满盘皆输，成了无数失败者的心头之痛。

但很多企业做到一定规模、有了一定的成绩以后，就开始变得浮躁，变得过分相信自己，就忘记了一些生意场上的基本规则，比如"不熟不做"、放弃"能力圈"之外的事情等忠告。于是，总有人想侥幸一试，觉得总会有例外的情形。

1992 年，孙启玉以独到的眼光，进军高端医疗领域——彼时这个市场正处在扩张期，而且是暴利行业。他以 6 万元贷款起步，仅仅用 8 年时间就获得了巨大成功，打造了山东淄博地区第一个"亿元村"。在此后的十几年时间里，又涉足医疗、教育、化纤等行业，都获得了巨大成功。万杰集团成为山东最大的民营企业，被媒体称为"企业航母"。

既往的成功，助长了自信心的极度膨胀，孙启玉顺势做起了"钢铁大王"梦。2003 年，电话中与公司的几位主要董事简单沟通之后，孙启玉就做出了收购淄博钢铁的决定。尽管公司常委会上一片反对之声，最终都无济于事。这是一家行将破产的钢铁企业。雄心勃勃的孙启玉从美国引进一套二手的生产设备投入了运营，但他万万没有想到，国家清理整顿的行动接踵而来，随之就是国内钢铁产业大幅滑坡，为修整淄博钢铁这艘行将下沉的破船，万杰集团很快就被拖入了无底深渊。此后，万杰频频被告上法庭，虽然原告不尽相同，内容却只有一个：追债。

其实，孙启玉早在接手淄博钢铁之前，对国家宏观调控的消息就有耳闻，并且钢铁行业对他来说完全是一个陌生的行业。痛定思痛后的他才悟出："不熟不做"历来是商家一条不成文的潜规则，可自己却冒险进入了钢铁行业。如今，遭遇重挫的孙启玉只能壮士断腕，变现还债。

同样是涉足陌生领域，中国首富宗庆后似乎"幸运"得多。他起先以食品饮料业起家，但随着行业利润日渐微薄，宗庆后不甘心继续赚辛苦钱，开始尝试进入新行业。然而，在2002年娃哈哈进军童装业遇挫、经历过阵痛后，宗庆后坦承："隔行如隔山，经验欠缺付出了不小代价。""做童装太累了"，因为一年起码需要设计2 000多个款式，而饮料每年出两个新产品，销售额就可能增长10亿～20亿元。此后，宗庆后及时收手，没有在这一领域过度发展，也没有过快发展，而是专注在主业精耕细作。

到了2010年，宗庆后自恃现金流充裕，尝试进军高端奶粉业、零售业，并把目光投向商业地产、矿山和高科技等领域，都是在陌生的行当里。自然，这样的"做生之举"饱受外界质疑，但实际上宗庆后比孙启玉谨慎得多，他第一步做的是主业上下游，坚持把主业做透，重点解决娃哈哈的原材料和零售问题，以降低成本，保障利润；其次才考虑发展高新技术产业、矿产资源，而且对于不熟悉的领域，他会考虑以合作方式进行投资。

可见，即使是久经沙场的老将，对于自己不熟悉的行业，尚且心存谨慎，何况那些初出茅庐的人呢？

当然，国内外跨界经营成功的例子也不是没有，但仔细观察会发现，那些成功者几乎都是有备而来，很少有人抱着投机之念，贸然行事。因为每个行当都有自己的核心内容、专业知识和行规。再小、再普通的行当，都是一门学问。如果没有相当的了解而盲目进入，无异于赌博。矿难是随时随地都会发生的，能顺利采到金子的毕竟只是少数。

李嘉诚以塑料产品起家，后来逐步将业务拓展到房地产、港口、能源和电信等 54 个市场。但在涉足的众多陌生行业中，他主要是作为投资人，与行业内的龙头企业合作，以共同控制的方式进行投资或者个人进行少量投资，这样一方面可以分享该公司的权益增长收益，又不会因该公司出现问题而增加"长和系"的财务风险。同时，李嘉诚通过行业互补、风险对冲，从而获取稳定的现金流，然后在此基础上步步为营。

比如 2003 年，李嘉诚在欧洲斥巨资涉足 3G 业务，就是有备而来。对于这项需"摸石过河"的新兴业务，他很清楚其中的巨大风险，不仅短期内很难见到实质性回报，而且会面临竞争对手"沃达丰"的强劲阻击。作为世界最大的移动通信运营商，"沃达丰"已经在全球拥有 1.2 亿用户，在欧洲、中东及非洲区域拥有 7 400 万用户，而李嘉诚之所以敢于"勇往直前"，是建立在他以 1 180 亿港元出售旗下英国

orange 公司 2G 业务、获得 100 多亿美元利润基础上的。也就是说，假如 3G 业务这块做赔了，可以拿英国 orange 公司的 2G 那一块去弥补，而不会因为资金链断裂而影响到公司的整体业务经营。

所以，投资大师罗杰斯总是苦心劝告投资人要做足功课。从 1971 年开始，他每年都会购买 1 年出版 1 次的《商品年鉴》，研究供需趋势，寻找工厂老化、金属生产或新矿探勘的证据，并且注意气象报告：寒冬表示取暖的油和天然气价格会涨，佛罗里达州暖冬表示来年柳橙汁价格会跌。从供需、天气到历史、政治、人口，他关注每一个细节，尤其牢记多头与空头市场的历史，这使他率先抓到 1999 年所展开的商品多头行情。

当然，罗杰斯也有失手的时候。有一次在非洲，他花 500 美元买了一块钻石，据称价值 70 000 美元，他自以为捡到便宜，没想到一位钻石商人却告诉他，这些东西都是玻璃。

这件事给这位投资大师一个教训，除非你对一种东西非常了解，否则请勿轻易试水，不然就会错把玻璃当成钻石。

做完人，不如做自己

最重要的决定并不是你要做什么，而是你不做什么。

巴菲特曾经幽默地说："如果你读了亚当·斯密在 1776 年写的关于劳动分工的文章，你就会知道，如果你老婆要生孩子了，别试图学会自己接生，你该去找个产科医生。因此，我从事我所擅长的工作。"

事实上，很多成功人士创造了奇迹，是因为他们很清楚自己擅长什么。每个人都有自己擅长与不擅长的方面，美洲豹和狮子比赛，输赢要看是比赛跑还是比爬树。毕竟人生苦短，不必漫无边际、浪费精力去与别人攀比。事实上，只要把资源和精力放在最具天分的方面，就能产生惊人的成绩。

不过，并非人人都能一眼看到自己的比较优势。很多时候，"羊群心理"遮住了人的眼睛，使人不能客观地认识自己，从而影响到人生选择。找到比较优势，往往是一个认识自我的探索过程。

童话巨富郑渊洁在正式开始写作之前，唯一的工作是在工厂看水泵。后来，他业余创作一首诗歌，没想到竟然发表了！之后，郑渊洁一发不可收，陆续发表了近百首诗。但是和那些真正的诗人打过交道后，他不免有些失落和失望，"觉得在写诗方面，自己只是三流。"

如何才能写到一流？他将所有的文学体裁写在一张挂历的背面：诗、散文、报告文学、小说、戏剧……倒数第二是童话，最后一项是相声。最终，郑渊洁选择了童话，"很简单，上学少的人想象力丰富。要知道，获得知识的过程是一个扼杀想象力的过程。而童话，最需要的莫过于想象力。"

郑渊洁一写就是 26 年，2009 年，他以 2 000 万元的年度版税收入，荣登"第四届中国作家富豪榜"首富宝座，创造了码字界的奇迹。

很多时候，力图完美让我们把自己弄丢了。我们总是样样想精通，样样想尝试，习惯用加法思维，而不懂得用减法思维。

在职业生涯的前 15 年，杨澜整天冥思苦想做加法，做了主持人，就要求做导演，是不是可以自己来写台词。写了台词，就问导演：可不可以做一次编辑？做完编辑，问主任：可不可以做一次制片人？做了制片人，就想能不能同时负责几个节目、能不能办个频道？

到了阳光卫视，杨澜才意识到，"一个人的比较优势，可能只有一项或两项。"最终，她把自己定位于：一个懂得市场规律的文化人，一个懂得和世界交流的文化人，在做好主持人工作的同时，从事更多的社会公益方面的活动。于是，广大观众才看到了作为成功主持人的睿智优雅的杨澜，看到了作为申奥大使的阳光自信的杨澜。

所以，人的伟大在于自知。有位心理专家深有感慨地说："不认识别人，吃亏上当只有一次，不认识自己，将会苦海无边。"

《基业长青》的作者吉姆·柯林斯说过，每个人、每个企

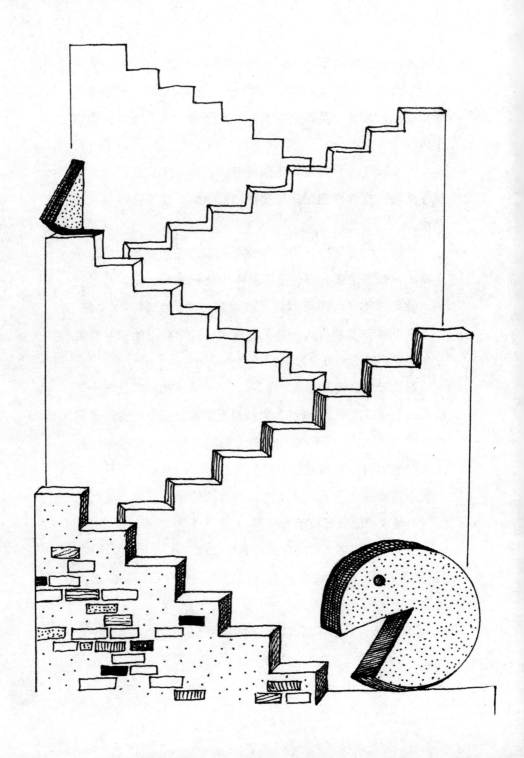

业隔一段时间都要问这样的问题：我现在做的这件事是我或我的企业最擅长的吗？这件事是足以成为我或我的企业安身立命的事吗？这件事是让我越做越起劲、让我觉得我生来就该做这件事吗？如果这三个问题的答案都是否定的，那你就要当机立断地放弃这件事，因为你迟早会放弃和被迫放弃这件事。

拿一个人的爱好来说，爱好可能成百上千，但擅长的却寥寥无几。李彦宏小时候喜欢唱戏，还曾经考过专业的戏剧学校，长大后还喜欢种菜，但是那些仅仅是爱好而已，并非他的专业特长。就他所学专业来说，搜索才是他最擅长的，他在搜索技术上取得过重大突破，对搜索业务的市场有着清晰而准确的判断。最终，李彦宏还是在自己最擅长的领域——搜索方面获得了巨大的成功。

所以，去发掘自己的本性吧，不必费心和别人活成一个样子，更不必努力证明自己的能量有多大，做好你自己，将精力投入到最擅长的事情上，更容易获得成功。

学会走路再开始跑步

你们哪一个要盖一座楼的话，如果不先坐下来计算花费，怎么知道能不能盖成呢？

很多时候，人们都不甘落人后，喜欢采摘高处的桃子，到头来浪费了大好的光阴，而理想还在远处招手。

很多时候，放弃是一种务实，更是一种明智。《圣经》上有这样一段话："你们哪一个要盖一座楼的话，如果不先坐下算计花费，怎么知道能不能盖成呢？"就是说，要做成一件事情，需要审时度势，量力而行，才有成功的可能。如果还没有实力去采摘高处的"桃子"时，就不能一味求大，好高骛远。

2009～2010年间，国内掀起一股新能源发展的热潮。与那些短暂成功后便大跃进式的企业家一样，王传福，这位令世界股神巴菲特对其青睐有加的内地首富，也从如日中天的传统汽车业抽身，以高成本下注到新能源当中。

彼时，王传福用勒紧裤腰带挤出来的钱，先后买下日本荻原模具工厂、马自达2000年所淘汰的发动机生产线及知识产权，用于生产排量为2.0升的F6发动机。他下令对微型车以及电动大巴K9进行研发，并涉足家电业和房地产。同年9月，比亚迪斥资2亿元参股西藏矿业，布局锂矿资源。与此同时，与比亚迪核心能力并不相关的产品，如冰箱、电视、空调、叉车等业务均草率上马，但无一盈利。

此前，王传福曾在全球金融危机中逆流而上，创造了比亚迪神话，以横跨三个行业的方式，缔造了一个令世界为之侧目的超级公司。在"股神效应"推助新能源战略之前，比亚迪用8年时间成为全球第二大充电电池生产商，进入汽车业3年后又一度成为增长最快的自主汽车企业。但往往在市场形势一片大好时，施肥者苗可长，拔苗者苗也可长，人容易头脑发热，忘乎所以。

要说，王传福进军新能源也合乎情理，为大势所趋。彼时，经济危机击垮了地产、金融等行业，资本迫切需要一个新行业以刺激市场活力。况且，中国政府也迫切希望摆脱对石油进口的依赖。

但是，如此庞大的扩张规模，比亚迪是否有足够的资金支持呢？是否有足够盈利能力的业务板块去支撑战略投资？现金流是否坚实可靠呢？

事实上，比亚迪一直依赖传统汽车业务这只现金奶牛。但王传福却出人意料地停止了对传统汽车研发的投入，提出"让传统汽车不吃粮食下蛋，而且是下更多的蛋"，这直接导致比亚迪传统汽车业务几乎遭到腰斩。2011年上半年，比亚迪汽车成为国内唯一连续6个月销量下滑的国内汽车企业，而此前它的汽车销售业务几乎每年都是100%的增长，2009年更是增长了160%。

这些变故大大超出了王传福的预估。冒进的扩张引起现金流的紧缺，不仅削弱了比亚迪的核心能力，也打乱了正常的经营节奏，从2010年年初开始，车型质量问题开始集中出现，随后即是汽车销量的大幅下滑，以及经销商"退网门"

事件的爆发。接着高层人事动荡，裁员纠纷接踵而来。

2011 年年初，王传福公开认错，"过去几年公司过于注重规模和增长速度是错误的。未来比亚迪会更加关注'售车质量'，而不是'一味追求市场份额'，抛弃冒进思路，比亚迪未来几年计划以 10% ～ 20% 的速度保持平稳增长"。

诚如李嘉诚所说，全世界许多企业的失败，都是因为面临的机会太多，而资金与精力不够。所以重要的是量力而行。古人说，先学爬，再走路，然后再跑，这是非常有效的。一个人当然是不怕失败，失败后可以东山再起，但当公司有一定规模之后，就要更加小心。

相对于比亚迪的冒进，美的则冷静得多。2004 年，在一片国退民进的并购高潮中，美的集团先吞下云南、湖南等地的客车企业，跨界汽车业。洽谈中的项目不下 10 个，包括电力、高速公路、锅炉、客车等多个领域，计划用于新项目投资的预算达到 30 亿元。

后来掌门人何享健发现，把摊子铺大了，自己的管理能力、资金、人才根本支撑不了，于是马上停止了所有客车之外的项目，而后旋即将客车项目转手，这使美的在随即到来的宏观调控里逃过一劫。

事实上，美的为了谋求做全球家电业老三，一直在寻求扩张。但只有小学文化的何享健，始终牢记着一个简单的道理：

"是你的钱就是你的，不是你的钱，捡来了也还是要还的。"所以扩张始终不能超过能力范围。

此后，广西、湖北等地有一些项目也曾找到美的，当地政府均表示将免费提供土地等资源，被美的一概拒绝。就连对家电项目的投资，审查也十分严格。2004年，当TCL收购汤姆逊和阿尔卡特、李东生因此登上胡润百富榜单第四位时，何享健却放弃了几乎相同的机会。同一年，美国第三大家电巨头美泰克找到美的，希望何享健能够出手接盘。何享健坚决拒绝了。

也因此，当那些曾叱咤风云的商界巨子们沉浮挣扎时，美的一直走得稳健、顺畅，2010年实现收入700多亿元，同比增长57.70%，2011年全年收入突破1 000亿元，成为国内白色家电综合实力最雄厚的家电制造商。

可见，力量不够时，宁可放弃也不要硬撑，如此，胜算的可能性会更大一些，不自量力地以卵击石，最终只会一无所获。

让五斗米为梦想让路

凭着信心朝着梦想的方向前进，尽力活出所憧憬的生活，就会在意想不到的时候遇到成功。

　　成功往往源于一个人的梦想。梦想是行动的先驱,梦想有多大,未来就有多大。人不可能得到他从未想过的东西。

　　多年前,一名雪佛兰工厂的装配工,开车带着两个孩子来到密歇根大学,并告诉他们:"这是你们今后要上的大学"。几年后,"装配工"的两个孩子从密歇根大学毕业。又过了几十年,"装配工"的孙子也进入了密歇根大学。在 23 岁的一天,他忽然做梦,梦见自己把整个互联网都下载了下来。他猛地醒来,花了一个午夜的时间描绘了细节,并确信他将有所作为。他就告诉导师特里·温诺格拉德,要花两周时间下载整个网络。他,就是谷歌的创始人拉里·佩奇。

　　不久,谷歌就诞生了。成功以后的拉里·佩奇常常鼓励年轻人,如果"漠视不可能",就能使梦想成真。

　　生活中有人不停地谈论梦想,却没有勇气跳出熟悉的生活。不是因为现状有多么美好,而是对未来的不确定感和担忧困住了他们的梦想,结果抱憾终生。日本有一位年轻的临终关怀护士大津秀一,在亲眼目睹、亲耳听到 1 000 例患者的临终遗憾后,写了一本书,谈到人生的 25 个遗憾,其中第二个遗憾就是没有实现自己的梦想。

　　但总有一些勇者,轻看世俗的目光,听从内心的召唤,甘愿追随梦想,拥抱另一段人生。无疑,这样的人是可钦佩的。

　　春秋战国时期,越王勾践攻打吴国,结果夫椒一战,越军大败。不仅如此，勾践还沦为吴国人质，而有位大臣在危难关头没有抛弃他的君王，随越王及妻室来到吴国，住进石屋，忍辱负重，终得保全越王回国。勾践回国后，采纳了这位大臣休养生息的政治主张，筑城立廓，发展生产，终于在20年后一举灭掉了吴国，一洗亡国之耻。

就在越王论功封赏之时，这位大臣却悄然出走，驾舟东去，隐居他乡，随后经商治产，获利千万，号称陶朱公。这位大臣即后人所津津乐道的范蠡。如范蠡之人，功名利禄留不住他们，而那种自由自在、为梦想而活的日子，更能满足他们不羁的心。

有人也许觉得梦想是奢侈品，不为金钱担忧的人才会为梦痴狂。其实，缺少梦想的人生，就会迷失方向，遇到困境也很难走下去。正是梦想，才使那些成功者在困境中走得更远。

在金融危机席卷全球的浪潮中，当富豪巨贾的钱囊纷纷大幅缩水，就连比尔·盖茨和巴菲特也未能幸免时，日本首富柳井正旗下的优衣库却在危机中逆势增长，股价上升了63％，在惨淡的日本证券市场一枝独秀。

每到新年之初，柳井正都会给自己的员工写一封信，信中无限憧憬未来3年公司的前景。这些一度被看做是"天方夜谭"的梦想，后来都如期地成为了现实。

最富传奇性的是，1991年，日本经济增长率骤降，优衣库在继续拓展分店时开始遇到筹资难的问题。为了能够通过上市融资，柳井正设定了每3年增长为原来的3倍的目标。这看似不可能的计划在1994年果然实现了，公司成功在广岛证券交易所上市。

所以，不要停止梦想，即使追梦的路途坎坷不平，也要义无反顾地把梦想摆在前面，因为，一个有梦想的人生，才是一个精彩的人生。

缓慢是成功的捷径

快跑的未必能赢，力战的未必得胜。

这是一个崇尚"速成"的年代，速成论、速富论大行其道，人们喜欢快，因其带来成就感；厌恶慢，因其产生不确定性。但有句话说得好："快跑的未必能赢，力战的未必得胜。"一匹战马纵然威风凛然，力大无比，速度奇快，要是跑错了方向，结果会如何呢？

在中国的民营企业中，蒙牛"火箭般"崛起的速度曾经举世瞩目。用创始人牛根生的话来说就是："不是在高速中成长，就是在高速中毁灭。"

蒙牛刚成立时销售收入仅为 0.37 亿元，仅仅 4 年后的 2003 年就飙升至 40.7 亿元，增长了 100 多倍，年平均发展速度高达 323%！成立 6 年后，蒙牛在中国乳制品企业中的排名也由第 1116 位跃居第 2 位，演绎了一个中国企业快速发展的神话！与此同时，作为创始人的牛根生被有意无意地抬上了"神坛"。

一位外资企业的高层曾如此讲述参观蒙牛的经历：在介绍员的口中，牛根生被给予极大的"美化"，甚至连比尔·盖茨宣布捐出全部家产，也被看做是在学习牛根生。

然而，在这种高速发展的模式下，往往潜藏着无人察觉的危机。2008 年下半年，席卷全国乳业的"三聚氰胺事件"，让这头狂奔的"猛牛"失去了火箭速度。在遭受牛奶下架、股价暴跌的连续打击之后，蒙牛面临输掉对赌而被外资并购的危机。面对众人考问，牛根生痛心地承认："企业最大的责任，就是没能把不法奶站送来的掺有三聚氰胺的原奶挡在门外，在管理上出现了重大疏漏。"

2011 年 6 月 10 日，随着中粮宁高宁全面入主蒙牛，牛根生时代宣告结束。

可见，片面强调速度，往往会落入到速度的陷阱当中。相反，缓慢有可能会创造出惊人的成绩。

著名作家麦家多年来坚持慢工出细活，最终成为当今文坛颇具实力的黑马，他凭借《风语》以 500 万元版税跃居国内文坛身价最高的一线作家，2010 年以 280 万元的版税收入，位居作家富豪榜第 15 位。他如此诠释自己的"慢哲学"：

"我的《解密》写了 10 年，《暗算》也写了 2 年，都不是一蹴而就的。某种意义上，缓慢是成功的捷径。我希望慢些，慢下来，才会有思想。我也可以三个月写出一部来，但是我不愿意那样做。虽然我花了十年才写成一部作品，但相对那些 10 年就推出 5 部作品、到最后一部都流传不下来的人而言，我比他们更接近成功。"

举目所见，大凡经得起时间考验的事情，都需要踏踏实实、长时间的积累与努力。一夜暴富的故事，固然让人羡慕，却不值得人效仿。就像生长迅速的树木，生命力往往也最短暂；而那些要上百年才能成材的树种，用起来却是千年不朽。

所以，短暂的成功不是成功，持续的成功不是依靠急功近利的速度，不是依靠大干快上的多产和粗制滥造，就能生成的。

为什么中国"首负"史玉柱翻身后，仅凭一个"脑白金"产品就成功地崛起？这要归结到"慢"的功力。在项目前期论证阶段，史玉柱花费了大量的时间泡在消费者中。在江阴调查的时候，史玉柱走街串巷，挨村挨户地走访了数百位老人以及妇女。他总是主动和人打招呼，向他们询问："你吃过保健品吗？""如果对睡眠有好处，你愿意吃吗？""能够调理肠道、通便的保健品，你愿意购买吗？""价格如何如何，你愿不愿使用它？"

经过长时间深入细致的查访，史玉柱对下属们说，行了，我们有戏了，这个产品一年至少可以有 10 亿元的销售额。

果不其然，"脑白金"一炮打响，获得了实实在在的收益，第一个月就盈利 15 万元。

后来，史玉柱又成功涉足网游，同样得益于此。比如《征途》，为了了解玩家最真实的想法，史玉柱每天都花十几个小时扮玩家，观察其他人的言行，在互动中了解玩家的喜好。所以，《征途》总是能最准确地把握玩家的心理，推出以来迅速成为全球第三款同时在线人数超过 100 万的中文网络游戏。2007 年月利润直逼亿元大关。

可知，强求速度，倒不如在缓慢中"厚积而薄发"，胜算更大一些。

第 4 章

在分享中成就财富人生

分享不是慷慨，而是明智。分享财富，会赢得更多财富；死守"财富"，财富就会慢慢变质。在日趋成熟的商业社会中，学会开放与分享，才能实现持续成功。

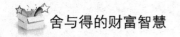

分享不是失去，而是赢得

多收的也没有余，少收的也没有缺。

有这样一个真实的故事：

有位农民打听到有一种玉米新品种，收成很好，就千方百计搞到手。村里的乡亲们听说这个消息后，纷纷找到他，打听种子的来源。这位农民担心一旦信息公开，大家都种这样的种子，自己就失去了优势，便拒绝了。大家没有办法，只好继续种原来的种子。

收获的季节到了，农民大失所望，自家玉米并没有取得预想中的丰收，与邻舍家的玉米收成不相上下。农民以为上了当，就去请教一位专家。专家解释的原因很简单，却让他悔之莫及：原来他地里的优种玉米接受了周围劣等玉米的花粉。

显然，这个农民高估了自己手中"秘密"的价值，却低估了分享的价值。事实上，世间万物原本相辅相成：有舍才能有得，舍即是得。

做企业也是一样的道理。正泰集团实际控制人南存辉将家族股权不断稀释，使得正泰集团总资产由创业时的 200 万元，变成了 82.8 亿元。然而，如今的南存辉虽然只拥有公司 20% 多的股权，但其个人总资产却增长了很多倍。同样，马云通过资本运作不断释放股权，现在只拥有阿里巴巴 5% 的股份，而这 5% 股份所带来的货币与非货币价值高达近 90 亿元。

可见，分享不仅不会失去，反而可以赢得更多！

俞敏洪很早就懂得分享的好处。小时候他身体瘦弱，总被村里的孩子欺负。有一天，家里来了上海的亲戚，送给俞敏洪一包只有过年才能吃到的水果糖。他没舍得吃，一转身就把糖分给了身边的小伙伴，而自己舔糖纸，结果他成了村里远近闻名的"孩子王"。

多年后，俞敏洪创办新东方学校后，将这种分糖理论运用到了极致。

1995 年，俞敏洪邀请口语、电影教学专家杜子华加盟新东方，提出了极富诱惑力的条件：第一，新东方教师一节课平均 300 元，如果杜子华加盟，每节课课费翻一倍，达 600 元；第二，口语班可以合并到新东方，交学校 15% 的管理费，其余归杜子华。

杜子华一听，既不掉自己身价，又省去自己办学的劳心费神，还可以利用新东方的品牌多招生，何乐而不为？于是双方一拍即合。杜子华带着他创办的"理想"学校，加盟了新东方。他所创立并教授的"电影听力提高班"、"英语 900

分句"、"TSE 口语班"大大增强了新东方的整体实力。

此后，越来越多的人才乐意加盟新东方，双方各取所需，皆大欢喜。他们吃完了"糖果"，留给俞敏洪"糖纸"。因为俞敏洪的慷慨分享，新东方完成了第一次质变，由家庭作坊升级为一个"分封制"的品牌产业。

"分享文化"也成为百度成长的极大助力。李彦宏常常讲："无论你是获得了新的知识、教训还是遇到了困难，都应该拿出来与大家分享，不要让别人重走弯路，这样我们的速度才能更快。"

分享的理念源于李彦宏在硅谷时的经验。当地讲座文化非常盛行，新鲜事物层出不穷，公布后就变得家喻户晓了。我们是如何成长起来的，中间遇到什么困难，又是怎样想办法解决的，人们都很愿意拿出来分享。这样的分享，对于大家做事情、作出判断都大有帮助。

因此，在李彦宏的带动下，主动分享成为百度人的习惯。早上，聚在小会议室吃早餐的时候，他们会嘻嘻哈哈带点儿自嘲地分享昨天某某写代码时犯的错；工作中突然遇到一个问题，卡住了，就去打扰一下身边的同事，一起辩个结论出来；独自在家时突然产生了一个重大的灵感，马上打开电脑梳理思路，兴奋地给大家群发个邮件请求拍砖……很多分享过程中的成果，后来都被工程师们应用到百度各条新产品开发中了。

马云也经常提及分享精神。在 2008 年中国企业领袖年会中，马云说，在经济危机这个寒冬里，国内企业家必须充分发扬分享的企业家精神，帮助客户过冬。其实，企业帮助客户过冬，也是帮自己过冬。在经济危机这个寒冬里，企业要想发展，要想成功，不仅要将自己的财富分享给别人，还要学会分享责任。为此，马云推出了"援冬计划"，帮助所有的客户度过这场金融危机。

在今天这个时代里，推动企业发展的，越来越多地依靠一支拥有分享精神的成功团队，而不是强势的、独断专行的总裁，而在这个过程中，成员之间慷慨分享所产生的能量，不是加法而是乘法。

帮别人赚钱，自己才能赚到钱

美丽的补偿之一，就是人们真诚地帮助别人之后，同时也帮助了自己。

人们经常会发现，一个班的同学，考试成绩都差不多，但走上社会几年之后，就会有天差地别，有人飞黄腾达，有人原地踏步。

对此，美国斯坦福大学罗森汉教授专门进行了研究，目标是一些贫穷家庭，但这些人家的父母都是"利他主义"，即慷慨大方、愿意帮助比自己更穷的人。这些家庭的孩子们从小养成了好的价值观念，乐于与人交往，更乐于为别人付出，拥有非常自信的心态。

到了这些孩子长大成人进入社会做事时，总是喜欢交朋结友，愿意承担责任，照顾能力不及自己的人，也有好多朋友愿意与之交往，愿意拿好的赚钱机会与其分享，结果他们都做得很成功。

可见，从长远的眼光看，助人即助己。诚然，帮人势必要付出自己的时间、精力、爱心、钱财等，可又何尝不是为自己日后创造方便呢？离开了团队，没有人可以包打天下。即使成事，也会付上相当高的时间和金钱的代价。

其实中国古人早就有这样的先见，如一代"商圣"范蠡。他在助越灭吴之后，弃官从商，曾经到陶邑一带经商。那时，陶邑是商贾往来的必经之路，是经商的好地界。范蠡因为本小利微，生意举步维艰。

有一天，范蠡从来往的商人中打听到了一条消息：吴越一带需要好马，他敏锐地感到这是一个送上门的好买卖，于是打起了贩马的主意，可具体操作起来却犯了难。

到北方收购马匹并不难，马匹到了吴越也不愁没有买主，但要想把马匹运到吴越却是件难事——千里迢迢，费用耗费巨大且不说，最可怕的是兵荒马乱，沿途有很多强盗，遭抢是常有的事情，如何才能保证货物的安全呢？

范蠡是个有心人，有一天他终于打听到北方有一个很有势力、经常贩运麻布到吴越的巨商——姜子盾。此人常年贩运麻布到吴越一带，在商道上早已用金银买通了沿途的强人。

于是，范蠡写了一张榜文，张贴在城门口，内容是：范蠡新组建了一批马队，时值开业酬宾，可以免费帮人向吴越地区运送货物。

不出所料，姜子盾闻讯找上门来，请范蠡帮他把北方的麻布运到吴越。范蠡正中下怀，一口就答应。就这样，借姜子盾的势力，马匹安全到达了吴越地区。然后，范蠡很顺利地卖掉了马，赚了一大笔钱。

范蠡此举帮人帮己，实在是一举两得，高极妙极！留意当今商界中的成功人士，为什么有人愿意和他一起打天下？多半是因为他们清楚地知道这一法则。

2010 年，78 岁高龄的稻盛和夫，做出了一个不合常理的决定——出手拯救濒临破产的日航。这显然是一次冒险，并且，他根本不需要冒这样的险，在此前的 50 年之中，稻盛和夫一手缔造了京瓷和 KDDI 两家世界 500 强企业，在国际经济危机中，始终没有出现过亏损，可谓功成名就。而接手这样一个烫手山芋，万一惨淡收场，一世英名说不定就会毁于一旦。

更不用说，稻盛和夫没有任何行业经验，并无几成胜算。而且在他眼中，日航就像一头得了癌症的巨象，全身细胞都已衰弱，而要治疗这样的垂死"病人"，真不是一件容易的事情。有好长一段时间，因为日航服务质量的下降，他已经改乘其他航空公司的飞机了。

冥思很久，稻盛和夫不得不承认："其实很苦恼，想了几个星期，心里确实有些动摇。"

那么，是什么原因促使稻盛和夫决定放手一搏呢？

稻盛和夫的回答很简单："在做任何经营决策时，都依据了'作为人，何为正确'的判断原则。要用'利他之心'去经营企业，利他之心就是一颗正确的心。"

也因此，他的说辞很"特别"：

我答应担任日航董事长的原因是在于，首先，如果说日航能够得到重建的话，对于日本经济的振兴是有帮助的。其次，留在日航的这些员工，能够保住自己的饭碗。所以，我觉得从这两方面来考虑，都应该秉持着一种利他之心来接受这个邀请。

一年左右的时间，濒临破产的日航，奇迹般地起死回生，稻盛和夫将之归功于利他之心的回报。这是对成功最震撼人心的诠释。

纵观世界各国百年不倒的大牌企业，如美国的 GE、微软，德国的奔驰，还有日本的松下等企业，它们都有一个非常强大的文化内核，也有一个远见卓识的开创者。他们的共同之处是——把利他精神纳入了企业文化的价值体系中。

其实，经营企业离不开对人性的洞察。以利他之心经营企业，动机至善，私心了无，大家的积极性反而被调动起来，最终也会成就自己。从这一点上来说，帮助别人，就是帮助自己成功。

一枝独秀不如满园争春

两个人比一个人好，孤身一人，就可能被制伏，有两个人就能抵抗得住。三股拧成的绳子，不容易拉断。

现代社会，竞争无所不在。许多人不自觉中接受了这样的观念：要成功就要干掉对手，在别人抢到饼之前，先拿到自己的那一份。如果不这么做，只能去捡别人剩下的东西。

这背后的逻辑就是，别人赢，我就会输；或者我赢，别人就输。越多的人参与竞争，于我就越不利。最要紧的一件事就是，阻拦别人和我一起分饼，这其实是典型的匮乏心态。

其实，宇宙是一个无限丰富的存在。谁说饼有一定的大小？只需把饼做大就好了。所以真正的企业家自信一枝独秀不是春，群芳争艳才会春满园。这样的例子比比皆是。

比如五福创始人段云松，最初创业的时候，茶艺馆还是一个新生事物。茶艺馆是干什么的，没几个人知道。在开了第二家茶艺馆以后，他很快意识到，作为一种新生事物，需要一种气候，需要像饭馆一样普及，如果整个行业只有你自己独撑是危险的。参与的商家越多，市场人气才能越旺。尽管彼此会有竞争，但是先把饼做大更重要。

于是他做出一个大胆决定：免费帮助别人开茶艺馆，免费咨询，免费培训人员。在他的帮助下，很快，北京有了400家茶艺馆，其中的四五十家是段云松帮助开的，五福也已经开了10家分店。而这些茶艺馆中70%以上都是赢利的。太原、乌鲁木齐、南京、上海、杭州、大连、唐山等很多城市也出现了茶艺馆。

很多人对此不理解。段云松解释说："我认为同行不是冤家，而是朋友。有的人一来茶艺馆就摸这摸那，我一眼就看得出来。我就问，想开茶艺馆吗？想开我告诉你从哪里进水，哪里进茶。他们往往不解地说，'市场竞争是残酷的，你告诉我，你不就失去市场份额了吗？'其实不然，一束花香带不来春色满园，单靠自己，或许根本就维持不到今天。"

段云松很快成为京城巨富。当年与段云松同处地安门一条街、以前嘲笑段云松的人纷纷找上门来，请段云松帮助开茶艺馆。他们对段云松说："我当年说你有病，现在我病得比你还要厉害。"

分享的伟大力量就在于，当别人因你的慷慨付出而获利时，你也同样会获得巨大回报。相反，一个不愿意与人分享的人，他所拥有的机会将越来越少。

IBM公司在1982年推出个人电脑，其他公司也因这个新产品而获利丰盛。几年后苹果公司推出了更好的麦金塔电脑，比竞争者超前数年，数百万人竞相购买，那时凡是爱电脑的人都想拥有一台。但苹果公司为了独享利润，于是限制其他公司因麦金塔而获利，只能自己制造和改良。于是这些人只好转到改善、开发、扩充IBM个人电脑的市场，结果创造了数兆的财富。最终，苹果只得眼睁睁地看着原本惊人的技术领先在众人的努力下消失，而麦金塔只得到一小部分的市场份额。

事实上，不管哪种赚钱的项目，都不可能独霸所有的市场，当你自以为到山腰的时候，可能别人已经开始跟进，就算可口可乐严守配方秘密，不也杀出个百事可乐吗？

所以，与其独自做饼，倒不如与别人共同把饼做大，毕竟"两个人比一个人好，孤身一人，就可能被制伏，有两个人就能抵抗得住。三股拧成的绳子，不容易拉断"。

散财以聚人，量宽以得人

> 无论何人，不要只求自己的好处，还要求别人的益处。

做企业，看待财利的心态很重要。比如在企业初创阶段，资源匮乏，人力微小，头一个战利品不过是巴掌大的一小块蛋糕。如果创始人拿走80%，只给前方卖力的小弟兄留下20%，会发生什么情况？

最大的可能是——有抱怨的，有怠工的，走的走，散的散，留下的说闲话，人心不稳，士气涣散，接下来的戏再也唱不下去。

由此，涌现出了一批"轻财聚人、股权分享"理念的倡导者和践行者。先有牛根生，后有马云、李彦宏、张近东、周鸿祎等诸多企业家，一手打造了中国最大规模的"富翁"团队。

在这方面，美的董事长何享健有一个观念就是，下级赚多少不管，你该赚的去赚。所以美的经理人在行业里是最威风的，二级集团的总裁身价至少在千万量级以上，事业部层面的则不低于百万级。他们更有老板的派头，而不像一名打工仔。

但何享健也知道，纯粹的奖金激励可能会导致职业经理人的短期行为，所以在 2006 年，在引入高盛的同时，美的推出酝酿已久的股权激励草案，给予美的电器的总裁方洪波等公司高管、业务和技术骨干总共 5 000 万份股权激励，占总股本的 7.93%，行权价格仅为 10.80 元。股权激励的对象完全是职业经理人，并不包括何氏家族成员。这被认为 A 股市场有史以来最慷慨的高管激励方案。

再以史玉柱为例，当年巨人遭遇空前危机，他的大多数下属却拒绝离开。直到今天，巨人的高层管理团队，也多为跟随多年的旧部。

有人问，为什么能让这么多人忠诚追随他？史玉柱回答："一旦老板获得利益了，一定要学会分享，不能太抠，不要做周扒皮，否则没人愿意跟你，我觉得这方面，我们算合格，巨人一上市，亿万富翁就出了一批。"

同样，在美国上市的奇虎 360 对员工开出重奖，设立了"期权常青树"政策。按照这一计划，360 每年都会维持总股本 5% 的比例，为表现突出以及未来加盟公司的人才发放期权。上市之后，数百员工一夜成为百万富翁。

随后的 2012 年，在奇虎 360 的年终午宴上，董事长周鸿祎亲手为 25 名优秀员工颁发 7 500 份限制性股票作为特别奖励。按奇虎360同期的股价和汇率计算，这个奖价值50.4万元。

说到底，有见识的企业家，多半能够摆脱金钱的羁绊，通过大笔分钱这样一个蓄水池来招贤纳士，把员工的利益与企业的未来紧紧捆绑在一起，由此创造的价值要远远大于被稀释掉的价值。

但是，对于另外一些企业来说，股权分享属于奢侈品。有些老板自恃实力强大，不愿主动分享，觉得只要肯出高价，不愁聘不到优秀人才，因此没必要给员工分钱。但这种建立在对强者臣服基础上的凝聚力实在不牢靠，一旦遇到风吹草动，企业内部很容易走向瓦解。

还有的企业也搞股权分享，做起来却有种被逼无奈的味道，效果自然也就大打折扣。员工担心，一旦老板达到某种功利性的目的，就会兔死狗烹。

孙子兵法讲"上下同欲者胜"。只有用一种合理的制度，让很多跟你干的人都满足的时候，才能够一起往前走。如果上下利益不一致，公司只是派息给股东，把员工当成过客，员工心里就会想："我干活，你赚钱，我做得多么好，都没有我的份，给这样的老板卖命，犯不着呀。"有了这样的心态，做事是不会全身心投入的。

其实，世间的财富，终归是要散的，而主动地"散"和被迫地"散"，效果大不相同。主动地"散财"，可招聚能人

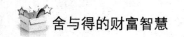

贤才，赢得人心，又何愁大家不齐心协力，将事情办成呢？

为何有人专门吃亏?

> 我们行善，不可丧志，若不灰心，到了时候，就
> 要收成。

做人要能吃亏，有时看似吃亏，实则受益。吃亏是大智慧，所带来的是无形的、潜在的、巨大的财富。

日本名古屋有一家制酪公司，社长日比孝吉先生十分乐善好施，无论是什么都免费或超低价供给。有一次，有人登门推销无味大蒜，日比先生试过后感觉很好，于是就买下了这项技术。

不久，有朋友来要一些过年用的咖啡，"那么，这个也给你，一起用着试试看"。日比先生顺手将一些无味大蒜也给了这位朋友。朋友吃过都说好。于是，日比先生开始大量派送，有三万多人品尝到了这种美味大蒜。

这笔生意，日比先生不仅没有赚到一分钱，还搭上了运费。也许有人会觉得这个老板很傻。可是顾客不这么认为，他们越吃越上瘾，不得不掏钱购买。日比先生仍然没有停止

派送，近的派车送，远的就邮寄过去。这事看起来简单，做起来可是非同小可，大蒜本身的成本加上运费、邮资，每年至少要花费 25 亿日元。

不过，另一笔账就是另一种算法了，自从派发这种无味大蒜以后，公司的营业额迅猛增长，第二年收入就超过 700 亿日元。

取予之间，日比先生的做法看似难以理解，但事实证明他的"吃亏"乍看是吃亏，其实是稳赚。吃亏实在不是坏事。而且，有时候，你想吃亏，还要看能不能抓住机会。

1908 年，年轻的希尔去采访钢铁大王卡耐基。卡耐基对他说："我向你挑战，我要你用 20 年的时间，专门研究美国人的成功哲学，然后得出结论。但除了写介绍信为你引见这些人，我不会提供任何经济支持，你肯接受吗？"

希尔毫不犹豫地接受了。从此，他应卡耐基之邀，配合这位可敬的导师从事对美国成功人士的研究工作。希尔访问了包括福特、罗斯福、洛克菲勒、爱迪生在内的 500 多位成功者，并对他们进行了深入研究，写出了震惊世界的《成功定律》一书，该书一出版，立即风靡全球，为他带来了源源不断的财富。由此，希尔被罗斯福慧眼相中，成为总统顾问。

后来希尔回忆说："全国最富有的人要我为他工作 20 年，而不支付一丁点儿报酬。如果是你，你会对这个建议说是抑或不是？如果'识时务'者，面对这样一个'荒谬'的建议，肯定会推辞的，可我没这么想。"

可见，吃亏是胸怀，更是一种长远的眼光。从长远来看，老实人是不吃亏的。如果只知"一事当前，先替自己打算"，当下也许占到了小便宜，但从长远来看，却是贪小失大的。

新希望集团曾经有过切肤之痛：希望饲料1994年在江西供不应求，农民排起了长队。为了追求经济效益，执行厂长做了一些急功近利的事情，用劣质玉米做原料加工饲料，猪吃后不长肉。低成本使新希望集团在江西多赚了500万元，却失去了农民的信任，就此失去了江西市场。后来刘永好感叹说："这大概就是报应。"如果那时肯吃亏，让利于农民，肯定是另外一种结局。

这让人想起了另一位企业家安踏掌门人丁志忠说过的一段话："51％和49％，是父亲教给我的黄金分割比例。你做每件事情，都要让别人占51％的好处，自己只要留49％就可以了，长此以往，可以赢得他人的认同、尊重与信任。"

说来说去，人们还是不喜欢与一个处处算计的人打交道。试想，两个人合伙做生意，各打各的算盘，这样的合作能长久吗？多半只能分道扬镳。

还是那句老话说得好：吃亏是福。

把光环让给下属

你们当中谁要做大人物，谁就得做你们的仆人；
谁要为首，谁就得做众人的仆人。

自古至今，人们对名望有着天生的渴望。皇帝们的最高理想是名垂千古，大臣们追求流芳百世，普通人渴望荣归故里，商人更把功成名就当成事业的最高境界。

所以凡领袖群伦者，一旦成为人誉自诩的济世之才，便会产生功名欲、不朽欲、树碑欲，以至于飘飘欲仙、忘乎所以，结果一步步走向失败。

袁绍沽名钓誉，好大喜功。曹操以诚待士，讲究实用，刑赏必诺，以至于那些务实之士"皆愿为用"。结果袁绍为曹操所败，曹操三分天下。

故此老子认为：上善之人，其性若水。水造福万物，滋养万物，却不与万物争高下，具有最为谦和的美德。江海之所以能够成为一切河流的归宿，是因为它善于处在下游的位置上，所以成为百谷王。

近几年来，越来越多的企业把谦卑、感恩的仆人式领导纳入企业理念。这种领导风格最早可追溯到《圣经》："在你们中间，谁愿为大，就必做你们的佣人；在你们中间，谁愿为首，就必做众人的奴仆。"就是说，作为领导者，首先要有天生愿意服务他人的心，必须确保别人最迫切的需要得到优先满足。

在这里，仆人式领导与老子所说的"上善之人"可谓不谋而合。仆人式领导关心下属的进步，常常愿意分享成果，分享名誉，不会担心别人威胁自己的地位，结果成长得快，也成功得快。

联想的成功，要归功于这一理念的成功。单从企业高管的知名度来看，没有任何一家国内企业可以和联想媲美。一提到海尔，大家就会想到张瑞敏，一提到华为就会想到任正非，但提到联想会想到很多人，从最初的倪光南、孙宏斌到后来的陈惠湘，再到今天的杨元庆、郭为，甚至是朱立南、陈国栋，这些人无一不在业界声名显赫。

柳传志很清楚，企业做大了之后，各种各样的荣誉就会随之而来。对于企业高管们而言，再多的钱不会产生吸引力，放再多的权力也不可能成为老板。他们更需要名气和荣誉所带来的那份尊重和肯定。所以，他总是主动把出镜的机会让给下属，让他们主持新闻发布会，在媒体上露面，以企业代言人的身份频频亮相于公众视野。

但是，在对杨元庆、郭为等手下爱将的一手打造上，柳传志很自然地把他们放在了自己的光芒之下。正如他所提倡的"大船结构"管理模式一样，年轻领军者的所有名望，必须也只能协调并服从于整个集团，而不能是对抗的关系，所以这种让名之举也在可以控制的范围之内。

还有另外一个例子。海尔公司有一种做法，就是以员工的名字来命名一些创新的流程或发明。比如，迈克冰柜，就是以分公司总裁迈克·贾麦尔来命名的，他想出上下层独立分门冰箱，不仅方便食物拿取，而且上下层温度不同，贴近消费者的使用需求。

这种以员工名字来替新产品、新发明冠名的做法，就是给予员工肯定与尊荣，提升员工的参与度与荣誉感，也提升了向心力与研发的力度。

有些企业家总是担心职业经理人"名高震主"，使属下永远无法体验自我价值实现的快感，他们的出走和叛逃虽然在意料之外，但又在情理之中。

2001年10月，温州红蜻蜓集团创始人钱金波卸下总裁一职，让贤于原温州市经委副主任、乡镇企业局局长钟普明，在当地曾轰动一时。此前，在一个工作场合，钟普明偶然结识了钱金波，两人一见如故。所以钟普明一辞职，就被钱金波挖去，委以重任，出任红蜻蜓总裁。

由于钟普明的官员身份，媒体对他的关注率很高，风头甚至超过了老板钱金波。而钟普明本人为人亲和，能力也不错，在员工和中层干部中的影响力与日俱增。一开始，双方的合作都很满意，然而，在经过了最初的蜜月期之后，老板和职业经理人之间出现了微妙的心理角力。抛开其他分歧不说，对名的实质性放不下，不免让人心生不快，嫌隙渐生，分手也就一触即发。三年后，钟普明选择了离开。无独有偶，温州前副市长吴敏一也怀抱理想而来，很快就黯然离去，停留不到 3 个月。

可见，让名之举，对企业家是一个难以通过的考验，所以柳传志曾经深有感触地说："一个董事长或 CEO，有两个品质是最关键的，一是容人，容忍那些比你强的人；二是让利。容忍很多人能做得到，但让利这个度很难把握，让早了，对方不一定具备那样的能力。让晚了，这个人才很有可能会走。"这里的"让利"，当然也包括"让名"。

第 5 章

君子散财，行之有道

钱多了，怎么花是个大问题。中国古人云：金钱"一积一散谓之道"。聚财有道，散财亦有道。不会散财就不会聚财。因为你的财宝在哪里，你的心也在哪里。

投资在人身上是最赚的

好施舍的，必得丰裕；滋润人的，必得滋润。

时至今日，人们还津津乐道钢铁大王卡耐基的一句名言："如果把我的厂房设备、材料全部烧毁，但只要保住我的全班人马，几年以后，我仍将是一个钢铁大王。"

这并非一家之见，美国宾夕法尼亚大学一份涵盖 3 000 家公司的调查也表明：用10%的收益投资更新生产设备会使生产力提高3.9%，而同样数目的投资用在员工身上，生产力提高了8.5%。

所以，投资在人身上，比投资在金钱和物质上的回报率更高、更长远。这一点，已经成为成功企业家的共识。

在现实中，有些老板也愿意投资在员工身上，只是他们患得患失，总是担心这些投资打了水漂儿，结果很难真正付诸行动。而北京有家异常火爆的火锅店——海底捞却很特别，老板张勇对员工投资之倾尽全力，让人叹为观止。

按说海底捞的员工大都受教育不多，年纪轻，家里穷。这样的员工，值得为之投资吗？但张勇比谁都明白，餐饮业的"客人是一桌一桌抓的"，怎么抓呢？靠的就是员工！"人心都是肉长的，你对人家好，人家也就对你好，只要想办法让员工把公司当成家，员工就会把心放在顾客上。"

海底捞的员工住的地方更像家，清一色的公寓楼，有专人负责保洁，步行到公司只需 20 来分钟，房间里配备空调、暖气、电视、电脑，仅此一项一个门店一年就要花费 50 万元；暖气没来的时候，公司给每人配发暖气袋，晚上专门有人把热水装进去，提前放到被窝里；每个月给干部、优秀员工的父母寄钱；出资在员工家乡修建专为员工子弟服务的寄宿学校，等等。

说实话，这招没什么新鲜的，好多企业天天在喊，天天在说，但大多只是停留在口号阶段，没有落实在行动上。而张勇却动真格的。

海底捞有丰富的"奖文化"：几乎每个月都要给员工发四五次奖，有时候是一顿免费火锅；有时候是一天假期；有时候是十几元、二十几元钱的现金。他们还给员工的父母发福利，为员工的父母上保险。员工的父母有病，海底捞会派人送上慰问金；员工的孩子需要上学，海底捞专门在简阳市出资建立了员工子弟学校，请一流的老师来授课……

信任是最大的投资。海底捞在这方面做的，更是让同行匪夷所思。就连普普通通的一线员工，都大权在握：可以自行决定给客人赠送水果盘或者零食；如果客人提出不满，他们还可以直接打折，甚至免单！

于是，在海底捞这个大家庭中，这些背井离乡的农村孩子们，在北京这样的国际化大都市，感受到了家的温暖。

对于这一切，海底捞员工投桃报李，换来的是顾客不断的惊喜和"回头"。结果，一家小小的火锅店，在竞争激烈、餐馆如林的京沪红透半边天，其管理模式被列入哈佛商学院的经典案例。

无独有偶。早在一百多年前，小亨利·福特的公司宣布，将日薪提高到5美元，并将每天工时缩短到8小时。当时立刻有经济学家跳出来批评福特："把《圣经》的精神错用在工业场所，拿博爱主义做幌子来争取人心。"有些大亨甚至预言："5美元工作日薪很快会使福特公司破产！"

结果，大亨们的预言破灭了——就在那一年，福特公司的利润增加了200%，达到3 000万美元，"5美元"政策引发了一场全国性的人口大迁移，一手缔造了美国的中产阶级，恢复了美国的经济活力。

为什么有的老板不舍得在员工身上投资？多半是因为他们不相信，一个人怎么会值那么多钱？更不相信地球缺了哪个人还能不转了？中国人多，走了你一个还有千万个。抱持如此心态，就会作出诸如克扣员工工资、随意解雇员工等行为，甚至有的还觉得"我给员工发工资是恩惠，是我养活了他们"。

有太多这样的例子。在这些管理者眼中，人只是一种工具，是用来完成一定操作程序的，完成后就可以过河拆桥了。试想，在这样压抑的氛围下工作，员工工作起来能有快乐可言吗？能有主动性和创造性吗？

不仅如此，员工的这种情绪还会传染给外部环境，进而引起客户、家人对企业的消极态度，引发一连串的多米诺骨牌效应。许多企业之所以从兴旺走向衰落，这是一个重要原因。

所以，善待员工，就是善待自己的财源。不然，企业有再出色的措施、政策以及性价比高的产品，也将苦无用武之地。

养闲人能产生巨大利润

无智谋，民就败落；谋士多，人便安居。

中国春秋时代曾经兴起过养谋士之风，好多国君和富人好花钱养门客，齐国的孟尝君就曾收养门客三千。虽说这些门客中不乏鸡鸣狗盗、饱食终日之徒，用现代语言来说，都是一些闲人，不过到了关键时候，他们就能起到举足轻重的作用。

有一回，秦昭王听了本国大臣的谗言，就把出使秦国的孟尝君软禁起来，并想借机杀掉他。孟尝君派人向王的爱妃燕姬求助，燕姬答应帮忙，但提出要求："我想要孟尝君的白狐狸皮裘。"孟尝君的确有这样一件天下无双的皮衣，但早就献给了秦昭王，哪里去找第二件呢？他急得团团转，恰在此时，门下有个会钻狗洞的门客自告奋勇说："我能搞定此事。"他夜里从狗洞潜入王宫，把狐白裘偷了出来，献给了燕姬。于是，趁秦昭王酒醉，燕姬使劲吹枕头风，秦昭王便答应放了孟尝君。获得自由身的孟尝君，害怕秦王恢复"正常"后反悔，连夜出关，带着手下门客逃回了齐国。

由此看来，舍得投资在闲人身上，有时回报是意想不到的。

清代巨商胡雪岩的过人之处是"对事情看得透，眼光够远，从不会轻忽小人物"。读过《红顶商人》一书的人就知道，浙江巡抚王有龄对胡雪岩的发迹有着绝对影响。当初王有龄只不过是一介穷书生，但胡雪岩全力助其进京考取功名。后来王有龄发迹后，饮水不忘挖井人，出钱资助胡雪岩自开钱庄，号为"阜康"。

在这方面，罗斯柴尔德，一个富过八代的财富家族，同样有着独到的眼光。在整个欧洲近代历史上，他们曾经扶植过多位政治新秀，这些人都为家族生意带来了极大的帮助。

俾斯麦就是其中的一位新手，这位勤奋好学、野心勃勃

善待人才，就是善待自己的财源

的年轻人，一来到法兰克福，立刻就引起了注意，罗斯柴尔德家族确信他将是一个十分值得投资的潜力股。从两者多达上千封的通信来看，人们有理由推断，如果没有罗斯柴尔德作为强大的经济后盾，俾斯麦几乎无法在德国政坛上立足，更谈不上完成统一德国的伟业。而与此同时，这一精明的犹太家族也使这位铁血宰相从中获取了丰厚的回报。

除了俾斯麦，罗家还培植了英国著名首相丘吉尔家族。两家交往长达 40 年之久，其深厚交情不言自明。1886 年元旦，温斯顿·丘吉尔之父、时任英国财政大臣的伦道夫·丘吉尔宣布吞并缅甸，罗斯柴尔德家族成为最大的获益者。1889 年，罗斯柴尔德家族成功发行了巨额的缅甸宝石矿的股票，当时股票涨幅高达 300%，购买者蜂拥而至，在门外排成了长龙，以至于盛传一种说法，要抢购到股票，只能搭梯子爬进内迪·罗斯柴尔德的银行办公室。

由此可见，养人之道，贵在有长远眼光，站得高，才能看得远。与选股一样，要买增长股、潜力股、未来的大牛股。如果过于急功近利的话，看到对方现在富贵，出金入银，就小心伺候着，若是穷困潦倒就轻视之，恐怕不会有罗斯柴尔家族这样的收获。

现代社会几乎是无人愿意养闲人了。对企业无用之人，通常难免被淘汰的命运。然而这种价值取向也有明显的副作用，就是用人上的短视，只管使用人才，不管培育人才。尽管这种短期行为一时看不出弊端，但长远来看，跳槽率高，企业员工队伍不稳定，很难应对激烈的市场竞争。

所以，许多有远见卓识的企业家开始关注这个问题，其中阿里巴巴的"干部轮休学习计划"就是一种积极的探索。马云风趣地总结为：土鳖必须海水放养，海归必须淡水养殖。

2007年年底，上市"满月酒"摆过不足10天，马云宣布自己手下的几员大将——阿里巴巴集团COO李琪、集团CTO吴炯、集团执行副总裁、集团资深副总裁李旭晖、淘宝网总裁孙彤宇，将先后离开现职，前往海内外著名商学院进行脱产学习。李琪、孙彤宇都是马云18人创始团队成员，特别是孙彤宇带领淘宝在中国击败了eBay，被认为是其灵魂人物。一时间非议四起，"什么过河拆桥、杯酒释兵权这种话都说出来了"，但马云坚持己见。

随后，这种轮休学习计划已经成为阿里巴巴的惯例，阿里巴巴每年花费巨资送高级管理人员以及专业人才去长江商学院、中欧商学院做短期或者长期的培训和学习，集团还为之成立了国内互联网公司中独一无二的"组织部"，着眼于干部制度的建立、干部的成长和企业文化的发展和传承。

当然，养闲人不同于养懒汉。从"闲人"中发现贤者，不拘一格广揽人才，为的是在企业普遇"寒冬"、职场"一地鸡毛"的时候，管理者能够大胆"收容"，这比股票市场上的"抄底"更具有投资价值，往往会产生柳暗花明的奇效。

宁得知识，胜过黄金

宁得知识，胜过黄金。因为智慧比珍珠更美，一切可喜爱的，都不足以比较。

每年股神巴菲特的天价午餐会，都会吸引世人眼球。动辄几十万美元乃至上百万美元，但想和股神共进晚餐的人仍然"趋之若鹜"。

或许在普通人眼中，豪掷"千金"只为"一饭"实在不值。然而，十年来在"巴菲特午餐"中中标的商业领袖、金融巨子们，却有着迥然不同的看法。

比如 2009 年，有着"私募教父"美名的赵丹阳，以 211 万美元的天价拍下与巴菲特共进午餐的机会，事后他说："我在中国没有经历过很多经济周期，但巴菲特就经历过很多，当自己向巴菲特问一些观点之后，就不需要等到下一轮周期再来确认了，这个太值了。"

而在此前的 2006 年，步步高创办人段永平以 62.01 万美元艰难战胜了中国台北的梁姓商人，得与巴菲特共进午餐，他后来也有同样的感受："和巴菲特接触，本身是无价的。这个钱根本不好去衡量，只要你真的学到他骨子里的投资理念了。"

看来，对于智慧的价值，有钱人与普通人的观念真是千差万别！没有亿万富翁的智慧和头脑，很难看见亿万富翁的财富。所以，要舍得投资自己的大脑。马云曾经说："如果你每天去的地方都是萧山、余杭，你怎么跟那些大客户讲？你到日本东京去看看，到纽约去看看，到全世界看看，回来之后你的眼光就不一样。人要舍得在自己身上投资，这样才能把机会和财富带给客户。"

如此，只要得到智慧之门的钥匙，每个人都有机会创造巨额财富，有时甚至只凭借一个"思想"和一纸"合同"，就能从"一无所有"到"一夜暴富"。

王石曾经很自豪地谈到自己的第一桶金。那一年，33 岁的他从广州某机关下海到深圳发展。当时流行倒买倒卖，只要从政府拿到了批文，进口东西到内地城市，一转手就是一本万利。

有一天，王石乘小巴去蛇口。从深南路拐进蛇口的丁字路口，望见路北一侧耸立着几个高大的白铁皮金属罐。在蛇口码头边也见到三座类似的金属罐。他好奇地向周围的人打听，得知是饲料厂的玉米储藏仓。位于丁字路口的是泰国正大集团、美国大陆谷物公司与深圳养鸡公司合资的饲料生产企业——正大康地；依托蛇口码头的饲料厂是新加坡远东集团投资的面粉加工以及饲料厂——蛇口远东金钱面粉饲料企业。

王石打听到，深圳这两家大饲料厂采用的玉米原料大多为中国东北，但来源地却是香港，而香港又是从大连、天津等地以及南美的阿根廷、北美的美国进口。

为什么厂家不直接从东北采购呢？一番查访之下，他才了解到，正大康地公司也想从东北直接采购，以降低原料成本，只是解决不了运输问题。那时，蛇口港还比较小，只能绕一圈从香港转运过来。当然，这样一来原材料的成本就很高。这也是深圳几家饲料厂都很头痛的问题。

摸到这些情况，王石灵感一现，认定这是一个极好的商机。他想，只要搞定运输问题，这笔生意就成了。

随后，他从深圳赤湾码头经理得到消息：刚建成的赤湾港还没有开通国内的航线。王石随即来到广州远洋公司询问，答复说：近海的航线归广州海运局管。他马不停蹄地又赶到广州海运局，问船到不到赤湾，答说："赤湾没有什么货。"王石说："我有货啊。"其实那时还没有。

打通了运输关节，王石找到正大康地公司。"我能找到船，也能找到运货渠道。组织来的玉米你们要吗？"王石问。

"要！马上就可以签合同！厂里正在试运转，设计能力为需求量 30 万吨／年，70% 的成分就是玉米，平均每个月的需求量在 1.7 万吨左右。"

"能先开信用证吗？"王石兴奋起来。只要饲料厂家肯给卖方开信用证，就可以开给真正的卖方，这样就可以"空手套白狼"了。

"签合同后就开出。"对方很爽快地答应了。省去两道中转费用，何乐而不为？

这是王石"下海"后独立运作的第一单生意，赚得相当漂亮。

彼时，他庆幸地发现，大学时期一直研习的经济学原理，以及自学积累的英语底子，全都派上了用场。

舍天下之财，成天下之善

多给谁就向谁多取，多托谁就向谁多要。

人们常羡慕那些有钱人，却很少了解他们成功背后的代价。其实，不必抱怨自己得到的不够多，要知道上帝给你越多，就要求你承担更大的责任。

钢铁巨头安德鲁·卡耐基年轻时拼命赚钱，年老时他慷慨捐献。他把自己的财富捐建大学、免费图书馆、医院、医学院、实验室以及疾病预防机构、公园、音乐厅、游泳池和教堂等，临终前只给儿子留下很少的钱。斯人已逝，但"我只是上帝财产的管理人，在巨富中死去是一种耻辱"却绵延至今。

花旗集团前高管斯坦福·韦尔说："我们坚信，寿衣没有装钱的口袋。所以捐出财富来回报社会，本身就是一种义务。"

对这些富豪们的捐赠动机，我们似乎有理由质疑。因为在美国，富人捐赠是可以避税的。以比尔·盖茨为例，他的财富市值约值 500 多亿美元，如果他把财富作为遗产留给儿女，就必须交一半的遗产税——250 亿美元，而且还必须是现金！有人就说了，盖茨先生恐怕没有这么多的现金吧？把钱捐给基金会，就可以完全免税，这难道不是不得已之举吗？

但人们可能忽略了，美国总统布什上台后宣布了 1.6 万亿美元的减税计划，其中包括取消联邦遗产税。美国政府计划在 2010 年前逐步取消遗产税。随着这项计划的逐步实施，美国将每年减少 300 亿美元的遗产税收入。

按理说，这显然对富人有利。听到消息的富翁们应该庆贺一下，但后续发生的事情却让人匪夷所思，美国国内有 120 名顶级富翁当即联名上书布什总统，强烈反对取消遗产税。

除了盖茨父子，这个名单上还有巴菲特和索罗斯、金融巨头洛克菲勒，都是富可敌国的巨贾。比尔·盖茨的父亲老威廉在请愿书中写道："取消遗产税将使美国百万富翁、亿万富翁的孩子不劳而获，使富人永远富有，穷人永远贫穷，这将伤害穷人家庭。"与此同时，《华尔街日报》的调查结果也表明，就算取消遗产税，还有50%的美国有钱人打算把至少一半的财产捐给社会，只留下一部分财产给子孙。

可见，富翁们慷慨捐赠的背后，不只是利益考虑这么简单，恐怕源自于一种企业家的社会责任感。

中国古代先贤认为，拥有更多金钱的聪明人，极容易受物欲的诱惑，贪图享受，进而颓废落伍；而愚昧的人有了金钱，有可能去干非法的勾当。因此倡导富人积德而传后人，积财以资困厄。不然，到最后贫富两极对峙到了一个地步，富人也没有机会延续自己的财富。

"基尼系数"曾经被拿来反映一个社会的贫富两极差距。有数据显示，中国的基尼系数已从改革开放初的0.28上升到2007年的0.48，而到2011年已超过0.5。按照国际上通行的警戒线，基尼系数超过0.4，就表明财富已过度集中于少数人，该国处于可能发生动乱的"危险"状态。世界银行的报告也显示，美国是5%的人口掌握了60%的财富，而中国则是1%的家庭掌握了全国41.4%的财富，财富集中度远远超过美国，成为全球贫富两极分化最严重的国家。

其实，生活在同一个地球村，没有人可以独善其身。大洋这头的一只蝴蝶扇扇翅膀，可能会在另一边掀起一场飓风，这种"蝴蝶效应"，每个人都能感受得到。所以，乐善好施应是富人的明智选择。

况且，风水轮流转，没有官位、财富是可以绵延不息的。富人落魄到沿街乞讨也是屡见不鲜的事情。舍天下之财，成天下之善，其长宜子孙的精神也会一代代传承，会更加巩固其财富王朝的基石。

右手做的，不要让左手知道

你施舍的时候，不可在你前面吹号，像那假冒为善的人在会堂里和街道上所行的，故意要得到人的荣耀。你施舍的时候，不要叫左手知道右手所做的。

曾国藩认为，"为善最乐，是不求人知"，又说"作善岂非好事，然一有好名之心，即招谤招祸也"。意思是说，人行善事，当默默行动，不可大张旗鼓。一旦有了沽名钓誉之心，就极易引来诽谤与祸端。

中国当今社会中就有类似的例子。

2008 年，一向籍籍无名的企业家陈光标突然崛起，因高调行善被推上了中国首善的宝座，引起了人们广泛的关注。

尽管他十余年捐赠 11 亿元，几乎拿到了全部慈善奖项，一度成为媒体界的宠儿。然而，让他始料未及的是——美誉与毁誉几乎是同时抵达的。

2011 年 4 月 22 日，《华夏时报》以《陈光标打折？》为题，报道这位"中国首善"多项承诺捐赠未到位；第二天，《中国经营报》以《首善陈光标虚实之谜：公司财务糟糕，钱从何而来》遥相呼应。文章中提到陈光标在中国红十字会、中国人权事业基金会等慈善机构的捐助，大都虚报钱数甚至子虚乌有。

同一天，《华夏时报》又以一篇《陈光标缩水》的报道，引用了近乎一致的例子。媒体指其"高调慈善"意在利用其远播的名声，给自己带来现实好处，并质疑道：以其公司的财务状况而言，慈善资金从何而来？

至此，这位最耀眼的"慈善明星"，陷入了"欺世盗名"的口水汪洋之中。

虽然陈光标极力为自己申辩，说媒体的报道 98％ 都是吹毛求疵、鸡蛋里挑骨头，并数次通过微博、视频等方式进行回应。画面中的他，以一句"人在做，天在看，真实的陈光标，会将慈善进行到底"为开场白，向记者一一出示了多本捐款证书和收据。

但是，此番辩解似有越描越黑之势。媒体声称，陈光标在视频中只展示了累计 7 000 多万元的捐赠证据，并未真正回答"少捐多报"的问题。紧接着，曾对陈光标"慈善事业"进行调查采访的多名记者都声称，遭受到了"网络水军"的攻击谩骂甚至是死亡威胁，他们希望"从来只做好事不做坏事、一句假话都没说过的中国首善陈光标出面澄清"。

看来，想洗清自己，真不是易事。况且，人非完人，百密还有一疏。

有意思的是，西方也有观点与曾国藩遥相呼应。比如耶稣常常责备法利赛人，因为这些人自以为义，站在大街上大声祈祷，赚了钱给上帝献上十分之一，施舍的时候让很多人都看见。所以耶稣就对门徒说："你们要小心，不可将善事行在人的面前，故意叫他们看见。若是这样，就不能得到你们天父的赏赐了。所以你施舍的时候，不可在你前面吹号，像那假冒为善的人，在会堂里和街道上所行的，故意要得到人的荣耀。你施舍的时候，不要叫左手知道右手所做的。"

孔子也说过类似的话。《吕氏春秋》记载，有一次，孔子的门徒子贡在楚国赎了一个奴隶，回国后，鲁国政府要给他报销赎金（鲁国规定，凡是在外国花钱赎回本国的奴隶，回来可以到国库报销）。子贡心想，自己家中尚属宽裕，又是孔圣人的门生，要了国家的钱，岂不让世人耻笑。于是，他坚决拒绝："不用报，这点钱是我应该出的！"但孔老夫子不仅不欣赏，反而斥责他："你开了一个坏的先例。"

在这些智者眼中，如此树立道德标杆，是一件很不齿的事情。他们认为，这会鼓励人拿起道德利剑任意挥砍，最终让自己成为行走在钢丝上的"独行侠"。

或许在有些人眼中，财富乃身外之物，但并非人人都有如此高的思想境界，富得像子贡那样不在乎赎金——如此一来，是要回赎金好呢？还是不要赎金好呢？不要吧，有点心疼，生计也受影响；要吧，怕因子贡的对照而落一个"贪财"的恶名。结果，最大的可能就是，"从今以后，鲁国人就不肯再替沦为奴隶的本国同胞赎身了"（孔子语）。

因此，就有一些富豪们极力主张散财要隐姓埋名。比如年届七旬的美国亿万富豪查克·费尼，一手创立了拥有80亿美元的"大西洋慈善基金会"，一直拒绝以自己的名字命名该基金，为了减少曝光，他甚至大费周章地在百慕大群岛（英属殖民地）注册了该基金会，以此逃避美国法律对基金会信息披露的法律规定。同时，要求那些获得捐赠的机构严格遵守获赠的条件——绝对不透露任何捐款来源的信息，如果谁透露钱的来源，资助就会停止。许多媒体希望采访他，大都被他以"对媒体害羞"为名而婉言谢绝。

不管怎么说，如果行善不是发自于内心深处的感动，只是意在赢得掌声和名利的话，一旦落空就会产生失落和不满。而"不叫左手知道右手所做的"，既顾及了受施者的尊严，也让自己保持了那份美好的感觉。

计划就是对你的钱负责

殷勤筹划的，足致丰裕；行事急躁的，都必缺乏。

美国石油大亨洛克菲勒曾说："对钱财必须具有爱惜之情，它才会聚集到你身边，你越尊重它、珍惜它，它越心甘情愿地跑进你的口袋。"意在告诫人们要计划周详，避免行事冲动，要把钱用在该用的地方。

在生活中，有的人虽然不富裕，可是日子过得有滋有味；而有的人呢，收入不菲却常常囊中羞涩。这其实就是会不会计划的问题。该花的钱不心疼、不手软，不该花的钱，即使手头宽绰也可以不花。把钱花到该花的地方，把财散到恰当的地方，这种智慧是需要学习的。

身价达535亿美元的世界首富卡洛斯·赫鲁，至今仍保留着零花钱记账的习惯，这得益于小时候父亲严格的教导。

童年时，父亲每星期会给他5比索的零花钱，并要求他明确地记下这笔钱是如何花掉的。同时，父亲总会抽出一定的空闲来检查小卡洛斯的账单，看完账单后还会帮助他分析每笔钱花费是否妥当，怎么做能够提高这些钱的利用效率，怎么花费更加合理。

成为全球首富以后，卡洛斯的生活仍然节俭而低调。他没有私人游艇和飞机，年过七旬依然佩戴一块塑料手表，也没有在墨西哥以外的地方购置房产，他的座驾通常是奔驰或雪佛兰。他的一位友人私下透露，一次游历意大利，卡洛斯竟然为一条领带讨价还价，将价格砍去10元钱。可是，在投资领域卡洛斯却常常一掷千金。他以亡妻名字建造的索玛娅博物馆，还有以4 400万美元购入的纽约"博物馆大道"上的希曼斯公爵公馆城区艺术住宅，就是证明。因为他相信这样的理念："乱花钱是罪恶，创造财富才神圣。"

同样，昔日台湾地区首富王永庆总是说："节省一元钱等于净赚一元钱。"王家用的肥皂在剩一小片时，不会将之抛弃掉，而是把这块小肥皂黏附在大块的新肥皂上再使用，王永庆每天做毛巾操所用的毛巾，一用就是37年。他还如此告诉工人："你们所戴的工作手套，如果一个掌心磨穿了，不妨翻过来，换戴在另一只手上再用，这便是节约能源。"

为什么这些富翁们坐拥亿万身家，也有条件过奢华生活，反而如此节俭呢？

托马斯·斯坦利和威廉·邓柯在为写作《邻家的百万富翁》时，采访了一些百万富翁。两人起初以为最富裕的人都是开高级轿车、住豪宅的人，于是就去调查了那些生活在高档社区里的人。

结果他们惊奇地发现，许多住大房子、开豪华车的人只是生活水平高而已，实际上并没有积累太多的财富。换句话说，无论他们赚了多少钱，最终总会干涸。因为他们花了太多的钱来维持他们奢侈的生活方式，却不是真正的有钱人。

所谓"殷勤筹划的，足致丰裕；行事急躁的，都必缺乏"。无论是个人还是企业，缺乏节制的放纵，是无法长久拥有财富的。

以太子奶集团为例，在进入破产重整的三年前，企业内部欣欣向荣，一片"歌舞升平"的景象。一幢办公楼投资过亿，房间水龙头 5 万元一个，廊柱上镶嵌着宝石。即便在资金并不宽裕的时候，李途纯仍选择在北京某商厦买下三楼整层，理由是竞争对手就在二楼办公，他甚至还筹划在顶层加一个大型游泳池，但经手下人多方估算，终因难以承受重负而放弃了……如此大肆铺张的奢靡为太子奶日后的危机埋下了隐患。

事实上，只要节制欲望，有计划地投资，即使普通人也能成为富翁，这其实是每一个人都可以做到的事情。

美国有一位小学教师玛嘉妮，教了 50 多年书，临近退休时，年收入仅为 8 500 美元。可是在她 100 岁去世时，却留下了 200 万美元捐给 10 个不同的慈善机构，这些机构包括她的教会、曾上过的学校和一支童子军。

一个年薪不到 1 万美元的工薪阶层，怎么会积累这么大一笔财富？原因很简单——她 20 岁就开始存钱和投资，每月制定"强制存款计划"，有计划地用于投资优质股票，包括一些蓝筹股、免税债券和公共事业股票，即使在退休后也如此。在几十年的时间里，这些股票组合涨势良好，她始终很少去动用这些投资，任凭其收益年复一年地增长。同时，她一直持有这些股票直到 100 岁去世的那一天。

第6章

选择上好的，放弃次好的

人生常常是一道多选题。我们最需要找到一种方法，找到一种价值观，去帮助辨认何为重要，何为不重要；知道哪些事情应为首，哪些事情可以舍弃；若游走于几种价值观之间，就容易陷入混乱，找不到持续有效的对策。明智的选择会带来平衡与智慧，使我们的人生更有方向。如此一来，所有智力的消耗就不再透支，时间的流逝就不显无奈，价值的天平也就有了轻重。

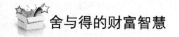

盖茨的时间观是一面镜子

我们一生的年日是 70 岁，如果强壮，可活到 80 岁，但其中可夸耀的，不过是劳苦愁烦；我们的年日转纵即逝，我们也如飞而去了。

在企业家的天平中，时间的价值甚至是用分秒来衡量的。因为不管你每小时的收入有多高，你的时间终究是有限的。

在电脑工程师布拉德·坦普雷顿眼中，比尔·盖茨的时间颇有"资本价值"。他说，如果盖茨掉了一张 1 000 美元的钞票，他根本不会去拣的，因为在这弯腰捡钱的几秒钟当中，他可以挣到更多的钱——就在这一年，盖茨赚了 78 亿美元，相当于每天 2 000 万美元，每秒 250 美元。

王石也有着同样的认知："为了应对将来的不时之需，很多人选择拼命挣钱，而我只选择买意外险。买意外险，就是用钱买来了耗费在挣钱上的时间，宁愿用金钱买时间，切勿用生命去换取金钱。人生有限，本来就该把时间和精力放在更有意义的事情上去。"

不过，人们常常看不到时间的真正价值。由此，就会对时间慷慨无比，却紧抓住钱财不放，结果发现这是舍本逐末。中国台湾"理财天后"夏韵芬有这样一段亲身经历。

在夏韵芬还在做新闻记者的时候，有一次去林口采访，为了赶时间，不得已选择打出租车，花了600多元，虽然心疼，但最终她还是采访到了新闻，觉得很值。与此同时，她的一位同行，人称"省长"的新闻记者，却因为省钱而没有打车，而是先坐公交车到长庚医院，然后搭长庚到林口的交通车，到了林口后，再转搭公车，全程只花费50元。钱是省了不少，可惜他错过了时间，失去了一次难得的采访机会。

或许，这就是人与人之间思维差异的所在。

轻视时间的价值，被金钱所左右，定睛在赚了或省了多少钱上面，就会掉入到用时间换金钱的陷阱中。

有一个广为流传的故事：

有两个从小一起长大的年轻人——帕保罗和布鲁诺，都梦想成为有钱人。有一天，机会来了。村长雇用两个年轻人，把山上的泉水运到村子里来。报酬按照他们运水的数量来计算。于是两人高兴地投入了这份工作，每天他们提着水桶，穿梭于山泉和村庄之间。到了晚上，在灯光下兴奋地数着当天结算的工钱。对于这样的生活，布鲁诺很满意。他确信再干一阵子，自己就可以变得有钱了。他想，只需换一个更大的水桶，每一次就可以提更多的水，这样很快就可以买到奶牛和房子了。

可是，帕保罗并不满足这样的日子，他想，有没有可能创造一个赚钱系统，可以在不提桶的时候也创造财富呢？因为几个月辛苦下来，他满身酸痛，筋疲力尽。夜晚躺在简陋的床上，他开始动起了脑筋。终于，帕保罗想到了一个好办法。当他兴冲冲地告诉布鲁诺时，却遭到一顿奚落。

于是帕保罗决定自己干。他打算建一条管道，把山泉水引到村庄里来，这样以后就不用再提桶了。刚开始，他的工作进展缓慢，而布鲁诺的工资却已经翻了一倍，买了奶牛，建了更大的房子。帕保罗感到了失意，但他很快稳定情绪，继续投入到管道的建设中。

两年之后，帕保罗的管道大功告成了，从此财富源源不断地涌入，不管他在吃饭、睡觉，还是在度假，都是如此！而可怜的布鲁诺还在提桶。虽然桶越来越大，但他的背却越来越驼，收入也越来越少。

这个故事所讲述的情形，人们并不陌生。因为帕保罗很清楚"我的时间很宝贵"，知道总有一天无法再用时间换来金钱。而布鲁诺却忽略了这样一个问题：时间和金钱，究竟哪个更有价值？

其实，任何一个经济学家都知道，不可代替物比可代替物更具价值。金钱是唯一真正可以代替的东西，货币是抽象的，每一美元和其他任一美元都是相同的，你今天可以拥有，明天就可能失去，后天也可以再次拥有。但时间却不可能倒流，青春的笑脸或夕阳不可能再次重现。你甚至不能重新找回悄悄溜走的一个瞬间，时机稍纵即逝。从你爱惜光阴、善用每一秒的那时起，才会开始变得富有。

美国有一对百万富翁夫妇，把经常要光顾的两家超市的内景画成地图，并标上每一类商品的名称和位置，作为每周的购物单和导购图。如果在某一周他们的某项物品用完了，他们就会在地图上将这一项画上圈。他们还用这种方法安排买菜。当然，要有折价券和相关的赠送才会记在地图上。因为提前做好了购物计划，他们每周节省了 20 分钟、30 分钟或者更长的时间。以每周节省 30 分钟来计算，在成年人的一生中，这将会是 6.24 万～7.8 万分钟，即 1 040～1 300 小时。

想想看，如果把 6.2 万分钟的时间浪费在一家超市中，肯定不是一种经济的行为——如果这些时间用于筹划工作与投资上面，必定能够得到更大的回报。

油饼，比钱更重要的东西

人有恶眼想要急速发财，却不知穷乏必临他身。

　　企业家冯仑讲过一个"钱和油饼"的有趣故事：一个炸油饼的人，有两种追求：一种是在金钱前面放了一件东西，即理想——"人们吃饱的同时要健康"——那么他就会把生产环境的卫生做好，一定不用地沟油。另一种就是将钱放在了油饼的前面，饼还没有做出来，就开始盘算今天的钱有多少，结果为了多赚钱，不择手段降低成本——油反复用，实在不行就到地沟里去捡一点，或是成为唯利是图的假奶粉贩子。

　　在现实中，钱和油饼的顺序稍微一颠倒，行为就会发生很大变化。

　　比如说三鹿集团。2008 年 6 月，三鹿生产的婴儿奶粉，被发现导致多位食用婴儿出现了肾结石症状，"三聚氰胺"事件爆发。此时，三鹿集团的领导层选择把钱放在了"油饼"前面——在明知奶粉含有三聚氰胺的情况下，并没有停止奶粉的生产、销售。没出几个月，三鹿宣告破产，董事长田文华被判处无期徒刑，整个中国的民族乳制品工业受到重创，随后洋品牌长驱直入，全面占领中国乳品中高端市场。

　　事隔三年，就在国人心有余悸之时，又爆出了"瘦肉精"丑闻。双汇这家头顶"十八个放心"光环的企业一夜之间名声扫地。当天，"双汇发展"即告跌停，一日之间市值蒸发103 亿元，冲击世界 500 强之梦瞬间化为泡影。

　　可见，为了贪图眼前的私利，以放弃原则为代价，换取来的钱财也如过眼云烟，企业不可能走得长久。

然而，现实中总是不乏暴发户心态，从味千拉面的"骨汤门"到 DQ 的"奶浆门"，再到肯德基和永和的"豆浆门"，人们遗憾地看到，那些把钱放在"油饼"前面的，为了追求利润最大化，无所不用其极。

显然，"油饼"比钱重要，这样的道理说来简单，可一旦实行起来，往往会面临一场激烈的博弈。

2004 年，作为太阳能行业的领跑者，皇明太阳能的销售额连年翻番，紧随其后就出现了数千家追随者，然后皇明速度放缓——事实上，惨烈的价格战已经开打了。

此时，对于企业的发展策略，公司内部出现了强烈的分歧，两种声音难以调和。

有一部分元老们觉得，以皇明的实力，打价格战得心应手，可以采取低价策略迅速占领市场。除了降价销售，他们想不出还有更好的发展策略。然而，降价必然要牺牲产品质量，突破企业底线去赚钱，无论从整个行业的发展，以及公司的长期利益考虑，这都是一种冒险。董事长黄鸣清楚地知道，要是把牌子做砸了，上千用户一人一口唾沫就能把他淹死。那么，未来人们还会把皇明当做一家真正的太阳能企业吗？

那时，黄鸣整夜整夜地找反对者谈心，谈得心力交瘁。他还率先检讨自己，试图激发部属跟着检讨。不料，他们反而更加委屈，批评和抱怨充斥着企业，士气日渐低落。说起来，这些人并不是故意要唱反调，他们都对企业有着深厚的感情。

按道理说，如果上战场，这样的人早该军法处置了，但对这些跟随自己多年的部下，肯定不能如此处理。直到2004年的一天，电视镜头下的杰克·韦尔奇出现在黄鸣的视线中。

"有三种人不能用，"这个美国老头儿侃侃而谈，"有能力、有业绩、有影响力但是对企业不认同的人对企业伤害最大。"

蓦然，黄鸣感觉醍醐灌顶："想起来，这些人的影响太恶劣了，造成的损失可能都不止几千万。他们把企业里改革创新者的努力抵消了，让那些人没信心了。把零摄氏度的水加热还是容易的，但是要把冰化成水再加热，要费多大劲？"他决定痛下杀手。

于是，将近300名中高层干部在这场人事大调整中离职，紧接着，又有七八百人被淘汰，一下子撤掉了1 000多人。很快，"质量高于利润"的价值观得到强有力的执行。

后来，黄鸣庆幸自己当初的果断。2005年，已经基本停滞了三年的皇明公司，销售增长很快，增长了将近70%，踏上了发展的快车道。

一个有远见的企业家，是选择在"钱前面放油饼"，还是"油饼前面放钱"，其中的利害关系看得非常清楚。

与高人为伍，与智者同行

*与智慧人同行的，必得智慧；和愚昧人做伴
的，必受亏损。*

有句话说得好，你是谁并不重要，重要的是你和谁在一
起。看一个人有无成功的潜质，要看他交往什么样的朋友。
想要成功就要和成功的朋友在一起。与满腹牢骚、缺乏远见
的人交朋友，日久天长下来，只会带来负面的影响，让人失
去拼搏的勇气。

比如谭传华，一位失去右手、出身农村的残障人士，做
成了中国最大的"梳子大王"，坐拥数亿身家。在事业发展的
关键坎儿上，他幸运地得到了一位"高人"的帮助。

那是在1997年，谭木匠在市面上做得已经小有名气，专
卖店近30家，年销售额近500万元。正当谭传华准备大干一
场的时候，却突然遭遇万县信用社收紧"银根"，理由是梳子
这样的小生意做不大，贷款额度只能给10万元。

于是，谭传华找到了《重庆商报》原总编辑邱远勋，"以
前都是银行选企业，我来招聘一家银行，行吗？"邱远勋觉

得是个好主意，发展民营经济，这是革新观念的大胆尝试，于是他亲自操刀，用一个小时就写出了报道。次日，《重庆商报》头版头条"谭木匠招聘银行"的新闻报道，在全国激起了很大反响，消息旋即被国内数百家媒体和日本《读卖新闻》、美国《财富》杂志等国际知名媒体纷纷转载、跟进报道。不久，建行万县分行主动上门，贷款给谭木匠 100 万元。

这段"雪中送炭"的故事，成为谭木匠发展史上的重要转折点，也让谭传华顺势引进了大名鼎鼎的余明阳专家团，为公司导入企业识别系统，谭木匠的知名度从此扶摇直上。

单独一个人打拼，成果非常有限。所以，在生意场上，圈子扮演着举足轻重的角色。过去单兵作战所遭遇的困境，往往就在共壮声势的团队相助中轻松化解了。

位于北京中关村的中国企业家俱乐部，由 31 位中国最具影响力的商业领袖、经济学家和外交家发起成立，是目前中国最具影响力的商业领袖俱乐部，像马云、王中军、宁高宁、柳传志、俞敏洪、马蔚华、张瑞敏、潘石屹等企业界的顶级人物都在其中。

2008 年 9 月，由于"三聚氰胺"事件，蒙牛乳业股价暴跌。因此前蒙牛曾将部分股权抵押给了摩根士丹利，股价下挫后若不能及时补足保证金，公司将面临外资并购风险，身处困境的牛根生向他的企业家同学紧急求助，写下万言书《中国乳业的罪罚治救》，信件被迅速发到俱乐部的一些企业家邮箱。当时牛根生正是中国企业家俱乐部的轮值主席。

牛根生的朋友们慷慨地伸出了援手。柳传志"连夜召开联想控股董事会，48 小时之内就将 2 亿元打到了老牛基金会的账户上"，而"新东方俞敏洪董事长闻讯后，二话没说，火速送来 5 000 万元。分众传媒的江南春董事长也为老牛基金会准备了 5 000 万元救急"。香港的欧亚平联系境内的王兵等长江商学院的同学，还买了许多蒙牛股票，以支撑和拉升股价……危机化解后的 2009 年 7 月，蒙牛又迎来了中粮集团和厚朴基金 61 亿港元的巨额投资，蒙牛在困境中轻松化险为夷。

在这场危难中，这个企业家圈子的威力一览无疑，让人感叹"圈子"二字的巨大能量。

难怪有位企业家感慨地说，商场上没有朋友，那是低级商人。企业跟人一样，谁都有五灾六难，七痨八伤，互相帮忙的时候就多了。

一个更重要的原因是，在一个圈子中耳濡目染、潜移默化，就有机会得到高人的点拨，以及献计献策、共享资源的机会。比如 2006 年俞敏洪的新东方公司在纽交所上市时，百度 CEO 李彦宏和网易首席财务官李廷斌出手相助，运用他们早先在纳斯达克成功上市的经验，为新东方上市立下大功，而两人也成为新东方的独立董事。

所以，要像鹰一样搏击长空，就要选择和群鹰一起飞翔！

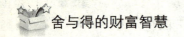
用长子权利换红豆汤是否值得？

起初速得的产业，终久却不为福。

很多时候，人们放弃的，往往正是自己真正需要的。但为了满足一时之需，就会做出最愚蠢的"交换"，以致因小失大，得不偿失。

《创世记》中记载了这样一个故事：

有个大富户有两个儿子，长子名叫以扫，喜欢外出打猎，次子名叫雅各，为人安静，喜欢待在家里。

有一天，哥哥以扫从外面打猎回来，又累又渴。一进门就看见弟弟雅各在煮红豆汤，就央求道："快给我一碗红豆汤喝，我快要累昏了！"雅各说："好吧，但你要把长子的名分卖给我。"

以扫心想，这长子名分看不见摸不着的，对我有什么益处呢？于是毫不犹豫地答应了。雅各将饼和红豆汤给了以扫，以扫吃了喝了，便站起来走了。

在故事中的当地文化中，作为长子，不仅可以继承双倍的家产，而且还能得到父亲的特别祝福。换而言之，长子名

分代表大好机会、重责大任和家族财富。而这个长子以扫，
却为了当下的口腹之欲，轻易放弃了"长子继承权"，后来他
想要承受父亲的祝福，竟被拒绝，虽然号哭切求，也无法挽
回了。

短视的眼光带来短视的下场。当人们回顾这个交换事件
的时候，都会为以扫的愚蠢而惊讶：一碗红豆多么轻贱啊，
值得拿出生命中真正有价值的东西交换吗？但在现实中，类
似的现象却比比皆是。

2011 年，一位 90 后女孩发微博称："我的梦想就是买台
iPhone 4，可爸爸不肯给我买，有没有能人能送我一台。我能
够把我最宝贵的初夜给他。"还留下了手机号码和 QQ 号。该
微博旋即在网络上引起广泛关注。而在此前不久，一位 17
岁的安徽小伙子刚刚以 2.2 万元的价格将自己的一个肾卖
掉——为的是得到一个 iPad 2。

这听起来令人悲哀！遗憾的是，当事人并不觉得。在长
远利益与眼前利益的博弈中，"眼前利益"总是轻易获胜，
而"长远利益"的价值，只有在无可挽回的事实面前才会得
到尊重。

美国有位教授曾经做过一项测试，地点是在华盛顿州一
间小学，一共 234 个男孩，年龄从 7 岁至 9 岁不等，要求孩
子们做一项选择：一是立刻收到 10 美分。二是到中学毕业离
开学校时才给他 10 美元。

　　测试的最终结果是什么呢？到了 1980 年，这 234 个男孩子都在社会上做事，当年选择当时得到 10 美分的，65% 仍然贫穷，只有 35% 成为了中产阶层；而选择毕业时得到 10 美元的，30% 仍然贫穷，70% 却成为中产阶层。

　　为什么那些拿到 10 美分的人大多数贫穷？因为他们宁可选择当下唾手可得的小利，也不愿忍耐等候，这样做的结果使他们难以获得大的成就。

　　从这个意义上说，一个人或一家企业是致力于长远目标，还是屈从于一时利益，是只想眼前一年的事，还是想到 5 年、10 年甚至更长远的事情，其取舍之间，彰显智慧。那些只想赚眼前的钱，以"权谋"、"兵法"谋得一时之利的，会有什么样的结局呢？

　　十几年前，吴炳新领导下的三株集团如日中天，创下年销售额 80 亿元的纪录。在那个激情洋溢的年代里，为了扩大销路，三株营销人员无所不用其极，将三株口服液吹成了"包治百病"的神药。同时，他们还极为大胆和富有创造性地推行"让专家说话，请患者见证"的模式。一方面编造消费者实证，另一方面则首创了"专家义诊"的推销方式，每年在各地举办许多场所谓的"义诊咨询活动"，其目的就是"断定患者有病，并且必须服用三株口服液"。

　　种种匪夷所思的营销手法居然屡见奇效，这似乎更激发了士气。于是，仅 1994 年一年，刚创业的三株销售额就超过了 1 亿元，第二年竟冲到了 20 亿元，赶上了如日中天的健力宝。

与此同时，健力宝却看出了此举的危险性，严令禁止此类广告传播。尽管市场经理们一再抱怨说："如果我们不这么干，就没有经销商愿意卖健力宝了。"

后来的结局大家都看到了，在这场长达七八年的营销乱世中，健力宝并没有深陷其中，然而，到了 1997 年，号称"日不落帝国"的三株集团却轰然倒塌，三株神话也由此画上了句号。

就在同一年，靠大言不惭的广告轰炸起家、以生产补肾壮阳的延生护宝液出名的沈阳飞龙也奄奄一息，其总裁姜伟向媒体发表了一篇长达万字的《我的错误》一文，公开承认犯下了 20 个失误，其中包括决策的浪漫化、模糊性、急躁化等。

经年之后，三株积极自救，试图卷土重来。遗憾的是，其未酬的壮志，依然是一个遥不可及的梦。

天下万物有因就有果。只因"因"是隐藏的，所以常常被人忽视。许多人汲汲营营，就为了得到一个结果，却不知当下的每一个选择，决定了将来的命运。

喝一碗红豆汤可以解一时的口腹之欲，是当下可得的好处。但长子名分虽不在眼前得利，却可以带来源源不断的祝福，这一得一失，孰轻孰重，就得好好掂量和把握了。

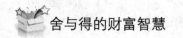

宁可吃亏，也要取信于人

美名胜过大财，恩宠强于金银。

华人首富李嘉诚认为做人最重要的是："让你的敌人都相信你。要做到这样，第一是诚信。我答应过的事，明明吃亏都会做，这样一来，很多商业的事，人家说只要我答应了，比签合约还有用。"就是这一点，在创业过程中发挥了意想不到的作用。

有一次，李嘉诚和一家拥有大片土地的公司合作，该公司有位董事跟其他同业是好朋友，有利益的关系，就提出质疑：为什么要跟长江集团合作，不考虑其他的公司？结果这家公司董事局主席看好李嘉诚这个人，力排众议说："跟李嘉诚合作，合约签好以后你就高枕无忧，没有麻烦，跟其他的人合作，合约签好后，麻烦才开始。"结果公司内没有人再反对，合作事宜很爽快地一次性通过。通过这次合作，长江集团赚了很多钱，对方也赚了很多钱，是真正的双赢。

由此可知，好名声是企业的命根子，其回报无法估量。很多时候，建立一种信任度需要积数年之力，而一旦坏了名声败了声誉，再想重新来过，要花费数倍努力也不一定见效。正如富兰克林所说：失足，你可以马上恢复站立；失信，你也许永难挽回。这个代价太大了。

在经历了158年的风雨之后，昔日的全球投行巨擘雷曼兄弟公司，遭遇骤然而至的灭顶之灾。2008年9月14日，这家具有悠久历史和巨大影响力的公司宣告破产。

和其他百年公司一样，雷曼兄弟也曾多次面临危机，尽管很多人以为它要完了，而雷曼兄弟却一次次奇迹般地脱险。而这一回究竟什么原因，才导致这场灭顶之灾呢？

从20世纪80年代开始，雷曼兄弟公司在富尔德的领导下开始踏上了渴望短期获利的道路。雷曼用账上资产大量抵押借贷，再用借来的资金购买"次级房贷"，然后打包成债券出卖，从中获取丰厚利润。

有点常识的人都知道，这种称为"次级房贷"的金融衍生产品，风险是极大的。在美国，大多数人买房子都需要贷款。对信用较差的人，银行不愿贷款，就由房贷机构借钱给他们，这些房贷机构所承担的房贷，就称为"次级房贷"。一旦房价急剧下跌，房贷机构即使回收房子卖掉，还是无法抵消房贷上的损失。所以沃伦·巴菲特就此发出警告："危险现在还看不出来，但其（次级房贷）具有潜在的致命性。"

尽管明知"次级房贷"是一个美丽的毒苹果，雷曼兄弟公司还是一口吞下了它。2004年，雷曼买下了两家房贷公司，雷曼的次级抵押贷款销售收益翻了一番，2005 年又翻了一番。他们通过高压销售促使上千人选择抵押贷款，许多都是老年人，起初雷曼向这些老人隐瞒高额费用，随后又向他们收取。2008 年次贷危机爆发前，雷曼成为华尔街打包发行房贷债券最多的银行。

不久，雷曼就发现一些流动性最差的资产无法脱手。为了粉饰财务状况，雷曼开始大肆使用其自 2001 年起采用的一种"会计花招"，就是在美国和欧洲找到愿意与它进行这类交易的机构，使他们在不知情的情况下，利用所谓"回购"交易，帮助雷曼把资产转出资产负债表。

2007 年夏天，雷曼兄弟公司关闭了旗下严重亏损的次级抵押贷款公司 BNC，从而诱发"信贷紧缩"的恐慌。客户将业务和资金大量转移，对手停止与雷曼的交易和业务，市场上的空头方大规模做空，导致雷曼股价暴跌，进一步加剧了市场恐慌和雷曼业务的流失。同时，债权人调低雷曼的信用等级，在短短几个月内，雷曼兄弟 10 年来所积累的财富化为乌有。

雷曼倒闭之后，更严重的危机和恐慌接踵而至：当日，美国道琼斯指数下跌 500 点。第二日，资产价值上万亿的美国国际集团（AIG）也告急；美国几大货币基金大幅亏损，导致投资人大规模挤兑现金；所有的投资银行及许多金融公司都陷入融资危机。

对于发生的这一切，美国《新闻周刊》专栏作家罗伯特·山姆森在一篇关于美国金融危机的专栏文章中，借用卡维尔的名言说："这一切都在于信任，笨蛋！"

事实上，无论是雷曼兄弟破产，美林被贱卖，花旗银行向海外资金求救，华盛顿互惠银行宣布破产，与其说是银行破产，不如说是信誉破产。正是因为次贷危机，使美国大众对金融业失去了信任，而信任危机加速了金融危机的蔓延。

所以，新东方创始人俞敏洪有句名言，"一个人最大的危机，是做事的时候别人对你不信任"。

如果一个领导人得不到员工的信任，决策就不会很好地去执行；如果一个企业得不到客户的信任，产品就不会在市场上有销路。史玉柱之所以能东山再起，一个很重要的因素是他卧薪尝胆把3亿多元的债还了，用实际行动挽回了公众的信任，恢复了自己的美誉。所以，选择取信于人，才能做成一番大事业。

要休息，这里面包含智慧！

满了一把，得享安静，强如满了两把，劳碌捕风。

世界上最伟大的征服者亚历山大大帝，年仅 31 岁就一举征服了欧亚非三大洲。有一天，他坐在马背上环顾整个世界："我难道再没有可以征服的地方了吗？"然后痛哭。

此后他纵情声色，结果得了一种很奇怪的病，33 岁就死了。死前他让人把棺材挖了两个洞，把自己的双手伸出来，告诉世人："我还是两手空空地走了。"

"人若赚得全世界，却赔上了自己的生命，又有什么益处呢？"如此简单的道理，人们却往往在一场恶疾或一场事故之后，才会幡然醒悟。

这里有一则古老故事的现代版。

2011 年，复旦大学女博士于娟在生死边缘，写下一年多的抗癌日记，其中一篇日记《为啥是我得癌症？》被著名经济学家巴曙松在网络转载，震动亿万网友。

在经历了人间极刑般的苦痛、与癌症整整抗争了一年之后，于娟开始反思自己，其中之一就是她有长期通宵熬夜或晚睡的习惯。得病之后她每天开始早早睡觉，"非常神奇的是，别的病友化疗肝功能会越来越差，自己居然养好了，第二次化疗，肝功能完全恢复正常了"。这使她越发领悟到，"长期熬夜等于慢性自杀"这一医学界的说法并不夸张。

撒手人寰之际，这位拥有留洋经历和博士学位光环的复旦大学教师，痛苦地发出喟叹：

"在生死临界点的时候，你会发现，任何的加班、给自己太多的压力、买房买车的需求，这些都是浮云，如果有时间，好好陪陪你的孩子，把买车的钱给父母亲买双鞋子，不要拼命去换什么大房子，和相爱的人在一起，蜗居也温暖。"

近些年来，不时传出商界精英、公司高层、亿万富豪英年早逝的消息，不能否认，"太少休息和放松"、过于忙碌、积劳成疾，是其中的主因。

诚然，在这个高速运转的时代，外部环境似乎不容人懈怠，让人不得不加快脚步，但是，美国哲学家艾瑞克·霍佛充满智慧地看到："忙碌的感觉，不是充实、满足人生的产物，相反，是害怕自己在浪费生命，是一种莫名恐惧的结果。"

并且，当人们陷入忙碌的陷阱，往往很难做出明智的决定。一个好的决定是深思熟虑的结果，而不是一时冲动的产物。

巴西企业家卡多·塞姆勒曾经是个工作狂。年轻时他每天工作到午夜时分才离开办公室，周末也不休息。后来，他身心俱疲，公司也没有什么大的改观，还收到了医生的严厉警告。他反思后发现自己的工作方式存在误区：认为付出的努力和结果是直接成正比的；认为工作的数量比工作的质量更重要；害怕授权，害怕被替代。

于是，塞姆勒决心寻求改变。他制定的第一条规定是：第一条，晚上7点之前，所有人必须离开办公室；第二条规定是给他本人的，给员工最大限度的自由和权力。他不再亲自操刀，而是下放权力，建立了一套"劳资共治"的体系。后来，塞氏公司在经济寒流中逆流而上，利润翻了5倍，成为巴西年轻人最梦寐以求进入的公司。

犹太人有一个独特的生活方式，就是每周有一天向上帝守安息日。在这一天当中，他们完全放下一切——不上班，不出行，不谈生意，不玩电脑，不打电话，甚至不看电视，只做一件事，那就是休息！在他们的禁忌清单中，有39种不能做的事情，包括：不得做饭、梳毛及洗东西；不得种植，园艺活就免谈了；不得撕任何东西，连卫生纸都必须早早地撕成一张张的……

其实，守安息日对于犹太人来说，不仅是一种信仰习俗，也是一种生活方式，因为他们相信："智慧是需要充足休息的"——把自己的状态调整好，会得到更多思想和灵感的源泉；而那些没有空闲、不懂得合理安排时间的人，是最不会赚钱的人。

有人替犹太人算了一笔账："工作一小时可赚50美元以上，如果休息一天，就少赚400美元，一年少赚1.92万美元，五年少赚9.6万美元，这值得吗？"但犹太人算得更精：

"假如我多工作一天，因此少活 5 年，按每年收入 12 万美元计算，5 年将少赚 60 万美元；9.6 万美元和 60 万美元谁多呢？"

无独有偶。日本杰出的大企业家松下幸之助也有一个习惯：每隔一段时日，他就会退出人群独处，几个小时不受打扰地静心沉思，反省自己。当他再回到工作中的时候，就散发出一种威慑人心的专注和沉静。

所以，不要把人生当成一场紧急事故，适时踩踩刹车，在秋天的落叶中驻足片刻，给自己紧张的心灵松绑，回来时会更坚强、更敏锐，也更有效率。

休息，还能让你跑得更快。在欧美有一种长跑方式大行其道，叫做跑走法，每跑几分钟，然后走一分钟。有意思的是，人们不仅用这种方法训练，还用它来参加比赛。更有意思的是，采用这种方法的人胜过了自己过去一路跑完全程的成绩。

第 7 章

远离抱怨就是靠近财富

抱怨不会给我们带来任何财富；相反，抱怨只会使人错失获得财富的良机。抱怨是失意者的朋友，而绝不是成功者的伙伴。

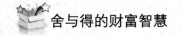

感恩的心离财富最近

感恩让你可以拥有人生中的各项财富，因为无论你感谢的是什么，它都会倍增。

中国自古推崇"滴水之恩，当涌泉相报"，寸草之心、滴水之恩是应该铭记于心的。懂得感恩的人珍惜身边的人和事，常念着别人的好，就容易获得多方助力，做起事来自然就顺风顺水。

约翰·克莱里克是美国一家律师事务所的老板，有一段时间事务所生意陷入困顿，不仅没钱给员工发奖金，甚至连租写字楼的钱也拿不出来。情急之中，他开始给员工和那些按时付款的客户写感谢信，同时也向他的子女、朋友以及为事务所介绍客户的律师们送出感谢信。很快就有一位律师回复说，自己以前并不知道克莱里克需要这样的客户，答应再为他介绍 10 个这样的客户。

感恩竟然有这么大的作用，这是这位老板始料未及的，所以，他奉劝自己的下属："当你觉得走投无路时，或许就是坐下来写上 10 封感谢信的时候了。"

对于懂得感恩的人来说，感恩已经成为自己生活方式的一部分。不管大事小事，不管是逆境还是顺境，都会随时随地感恩。

中国首富梁稳根提起母亲总是满怀感恩："如果没有母亲，就没有我的事业；如果没有母亲，就没有我今天的成功。"他还记得，儿时他和母亲经常一起到井里去抬水。抬水时，妈妈总是把水桶的绳索靠在自己那一边，总是让他抬得很轻很轻。

阿里巴巴的马云也经常提及感恩，他说："以前我也会说感恩，十年以前我说感恩的时候，觉得像喊口号一样。现在我真觉得，我们怎么会有那么好的运气？我没有理由成功，阿里巴巴也没有理由成功，我们到现在为止做得不错，我觉得有很多人帮助过我们。有人也问过我，怎么样把握运气？运气从哪里来？如果你有感恩运气就会来……"

许多人活在贫穷当中，是因为缺少感恩。贫穷只是果，不是因。不懂得感恩的人往往只知索取，却不知感激和付出，对别人为他所做的不领情，以至于失去了得到帮助的机会。

曾见报纸有这样的报道：湖北襄樊5名贫困大学生受助一年多，其中三分之二的人未给资助者写信，有一名男生倒是给资助者写过一封短信，但信中只是一个劲地强调其家庭如何困难，希望资助者再次慷慨解囊，通篇连个"谢谢"都没说，让资助者心里很不是滋味。结果 5 名贫困大学生被取消了继续受助的资格。这是缺乏感恩的真实例证。

与感恩之心相伴共生的是敬畏之心。

有一批中国企业家曾经到瑞士参观钟表厂，向接待方提问道："你们的工厂为什么没有质检员？"瑞士人回答得很幽默："我们的质检员在天上。"深受天职观影响的瑞士人，认为"人在做，天在看"。出于对上天的敬畏，他们对工作的每一个细节都力求完美。这是一种内在的约束。

回头看一批批销声匿迹的明星企业，三株、巨人、爱多、秦池、银广夏、沈阳飞龙、百龙矿泉壶、亚细亚……无一不是因为缺少敬畏之心，丧失了应有的底线，以至于最终走向了毁灭。

以秦池为例，这家名不见经传的小厂，曾以几亿元天价两度蝉联央视黄金段广告"标王"，光耀一时。但为了造名造势，他们对员工的归宿、稳定毫不关心，不惜牺牲员工的利益，拿着大把的钱去拼那个充满血色的"标王"。

1996 年 11 月，秦池以 3.2 亿元的天价夺得央视标王，这一数字相当于 1996 年企业全年利润的 6.4 倍。也就是说，要消化掉巨额的广告成本，秦池必须在 1997 年完成 15 亿元的销售额，产销量必须达到 6.5 万吨以上。而实际上秦池的山东基地每年只能生产 3 000 吨原酒，因此，秦池置消费者的利益于不顾，从四川的一些酒厂大量收购原酒，运回山东后进行"勾兑"，然后以秦池品牌销往全国。

　　"勾兑"事件闹得沸沸扬扬，秦池遭遇了空前的信任危机。但秦池接下来的拙劣表现更加令人失望。仅仅在报道发表前，秦池采取了用钱开路的方法，派人进京公关，用数百万元来收买那组系列报道，却遭到了拒绝，然后就不知所措了。显然，在面对如此重大的危机时，秦池的决策者缺少敬畏之心，导致企业失去了挽回败局的最后机会。

　　耐人寻味的是，"在秦池最需要帮助的时候，并没有人去拉一把"，一位熟知此事的当地白酒业内人士说。

　　或许这就是感恩缺失者命定的结局。正如古今中外无数"英雄豪杰"，成在"振臂一呼，应者云集"，败在"离心离德，孤家寡人"。

不要抱怨没有机会，机会随处都在

　　信心是什么呢？信心是对所盼望的事有把握，对看不见的事能肯定。

　　很多时候人总是慨叹生不逢时，没有赶上好时候，或者抱怨自己投错了胎，没有生在官宦富贵家庭，觉得生活的难处都是别人造成的。所以，他们抱怨的事情一件跟着一件——如果没有经济危机，如果社会更公平一些……

其实，只要人们走出"受害者"的负面心态，以积极正面的心态去面对人生，机会就无处不在，无时不在。

刘琦开只是重庆工商管理学院的一名普通学生，出身贫寒农家，一无背景，二无资金，三无关系。为了贴补学费，他成天泡在图书馆和网络中，如饥似渴地学习经济学知识，并伺机寻找赚钱机会。

2003 年 7 月的一天，一则网上求购信息引起了他的注意，这是一家新加坡房地产开发公司，求购特价钢管 3 吨。而此前的他，刚好游说浦东钢管厂，获得了这家小厂的代销权。他意识到机会来了，立刻以厂家的名义发了回函。很快，对方回函呈示了公司的相关资料，并商讨交易事宜。刘琦开马不停蹄地赶到浦东钢管厂，准备外贸的相关手续……很快交易达成。这一笔生意，刘琦开赚了 600 美元，掘到了人生的第一桶金。

初战告捷，接下来的生意就好做多了，刘琦开一举签订了 200 余万美元的订单，升任为浦东钢管厂的海外总代理。当他的学友们还在为求职犯愁时，刘琦开就已经是三家公司的总裁了，坐拥千万资产。

在信息时代里，这样的创富故事比比皆是。有心人在任何环境下都能敏锐地捕捉到"金矿"的蛛丝马迹。

在过去的 10 年中，美国遭遇了最严重的经济衰退，从

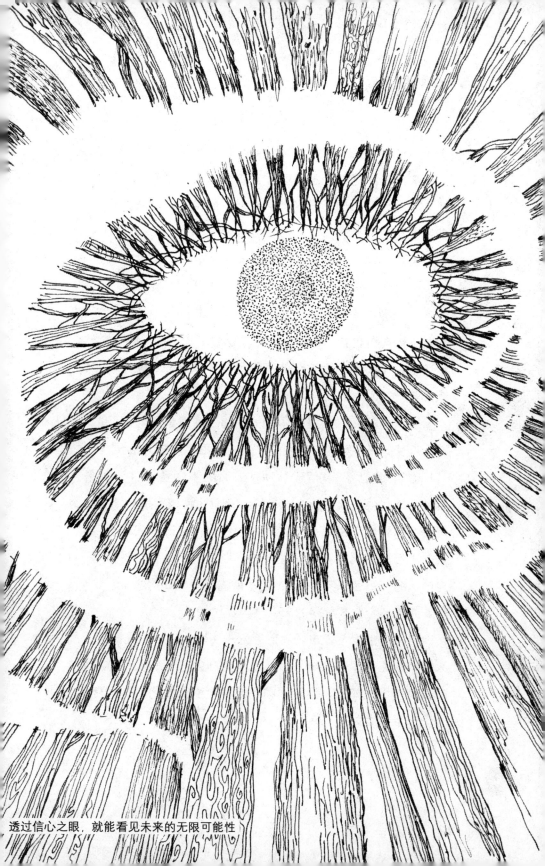

透过信心之眼，就能看见未来的无限可能性

2000 年科技股泡沫破灭开始，到金融海啸爆发，数百万人失业，在许多人抱怨生意难做、经济萧条时，史蒂夫·乔布斯却让苹果公司市值上升了 11 761％。谁说在经济衰退时没有赚钱机会？

当然，我们也许会说，是他运气太好了。其实不然。上帝对每个人都很公平，他并没有厚待史蒂夫·乔布斯，只给了他一个酸柠檬——一个危难中急待拯救的苹果公司。而乔布斯正是把握机会，把这个酸柠檬变成了一杯可口的柠檬汁，创造了意想不到的财富。他不但拯救了苹果公司，还一手打造了前无古人的产业神话。

所以，困境往往是化了妆的祝福。透过信心之眼，就能看见未来的无限可能，就能把人生中的不可能变为机会。

比如 20 世纪 40 年代后期，战后的中国台湾经济萧条，百废待举，很多人不认为这是机会，而认为战后是一个废墟，是一个人世的迷乱，是一段悲惨的经历，但王永庆却把目光投向了当时台湾并不热门的塑胶产业，有信心在"母猪耳朵里做出绣花荷包来"，筹资创建了台湾第一家塑胶企业。这就是普通人与企业家之间的思维差异。

当时，台湾地区市场满目萧条——资金缺乏、设备落后、原材料缺乏、销路狭窄。台塑公司生产的 PVC 塑胶粉推销艰难，库存堆积如山，企业濒临倒闭，投资人纷纷退出，但王永庆却坚持看好这一朝阳行业，变卖了全部家当，买下了公司全部产权。与此同时，王永庆做出了一个令人吃惊的大胆决策：第二次扩产！因为他很快发现了塑胶产品的未来价值："PVC 管埋于地下几乎是永久的，可替代传统的钢、铁、铝等五金材料，堪称价廉物美。"

没想到，这一鲜有人看好的项目，竟使王永庆一举成为塑胶巨子，拥有世界上最大的 PVC 塑胶粉粒生产企业。

王永庆认为："经济不景气的时候，可能也是企业再投资与展开扩建计划的时候。"正是鉴于这一观点，20 世纪 70 年代初，在美国石化企业纷纷倒闭、停工之时，王永庆却果断启动了投资美国的计划，以低廉的价格，先后到德克萨斯州买下两个石化工厂与 8 个 PVC 加工厂，通过一系列整改工作，使一个个积重难返的亏损企业开始走向盈利。他的大胆兼并和收购行为使美国工商界大为震惊，有评论说："王永庆表现出的完全是一种'狩猎式'的投资行为。"

后来事实证明，王永庆的确道高一筹。在完成了一系列投资和并购后，1983 年年初，王永庆迎来了美国经济开始复苏的时期。台塑在美国的几家工厂以此次经济复苏为契机，开始蓬勃发展。

所以，当我们在经济不景气而抱怨时，就要好好想想了，真金难道会怕火炼吗？

与其怨天尤人，不如反求诸己

遮掩自己过犯的，必不亨通；承认并离弃过犯的，必蒙怜悯。

反思一向都是一个民族最宝贵的精神境界。孟子有一个很重要的提醒："行有不得者皆反求诸己。"意即告诉人们，在人生面临困境时，应该先找出自己因傲慢而造成的无知，努力加以改正，而不是一味地去怪罪别人，抱怨环境。

相传大禹统治夏朝的时候，有一回，诸侯有扈氏起兵进犯，大禹派伯启前去解危，结果伯启大败而归。部下很不甘心，一致要求再打一仗。伯启说：不必再战了，我的兵马、地盘都不小，结果还吃了败仗，可知我的德行比他差，教育部下的方法不如他。所以我得先检讨我自己，努力改正自己的毛病才行。

从此，伯启奋发图强，起早贪黑起来工作，生活简朴，爱惜百姓，礼贤下士。一年后，有扈氏知道了，不但不敢来侵犯，反而心甘情愿地降服归顺了。

可见，人是需要反省精神的。反省就如一面镜子，能让我们把自己看得更清楚。因为在每一个人的内心深处，都隐藏着一些不易察觉的弱点，反省的过程，就是不断清理隐患和错误的过程。

"当我们梦想更大成功的时候，我们有没有更刻苦地准备？当我们梦想成为领袖的时候，我们有没有服务于人的谦恭？我们常常只希望改变别人，我们知道什么时候改变自己吗？当我们每天都在批评别人的时候，我们知道该怎样自我反省吗？"

这是 2006 年 4 月，30 多位中国内地著名的企业家在中国香港集体拜会李嘉诚先生时，他所作的开场白。可见，成功企业家是多么重视反省精神。

面对人生中的种种挫折与困难，唯有谦卑地反思，寻求正确的答案，才能调整好心态，进而影响并改变自己的人生与处境。

韩国总统李明博出生寒微，饱经磨砺。年幼时，因战争失去家园的父亲来到日本大阪附近的一家农场给人放牧。而母亲出生于韩国大邱的一户果农家里。由于家中一贫如洗，李明博很小就半工半读，一天三顿都靠酒渣填饱肚子，运垃圾赚取学费，甚至还做过沿街叫卖的小贩……可是，走过艰辛往昔，他从来不曾抱怨。

从学校毕业后，李明博进入韩国一家大企业工作。敬业的他很快留意到公司的一种现象：每逢过了下班时间，员工都要观察上司的脸色，再决定是否下班。尽管公司的官僚化现象使员工心生不满，可是没有人试图改变。只有李明博默默收集员工们的意见，并写成调查报告上报给公司高层。虽然此举损害了一些人的"面子"，但却是"小骂帮大忙"。不久，李明博被提升为组长。

后来，李明博以超乎常规的速度，36岁就晋升为现代集团CEO，47岁登上董事长的宝座，成就了一个"工薪族的神话"。若干年后，在就任韩国第十七任总统后，他总结自己的过去时说：

"抱怨贫穷的父母，只能换来没有意义的一生。我从来不抱怨父母，也从来没有抱怨过这个贫穷的国家。让我生在这片土地上是为了让我努力工作，我这样想，如果与跑在我们前面的人一样睡觉、一样做事，就无法赶上他们。所以我只有努力地默默工作。"

相比之下，有一些企业家，在完成了从贫民到富豪的蜕变之后，因为缺少自省精神，陷入了失败的迷局。

牟其中，南德集团前董事长，第一个被冠以"中国首富"的企业家。20世纪80年代末，他以"以罐头换飞机"的壮举，从前苏联换回4架大型客机，一夜之间成为传奇人物。此后，他陷入了"不断造势，不断许下诺言，夸下海口"的状态中，终因南德集团信用证诈骗案入狱，被判无期徒刑，后改为有期徒刑18年，彻底结束了南德神话。

在狱中，这位豪气依旧的前首富，并无反省悔过之心，反而坚持自己是无罪的，认为"结束南德神话的，不是我们经营上发生了重大失误，也不是有什么违法犯罪问题，而是一个私营企业的成功超过了当时社会环境允许的最大范围"。

　　无独有偶，2008年因虚假注册、挪用资金等罪被判入狱的顾雏军，更是在《科龙背后的故事》一文中，逐一驳斥了对自己的指控。作为企业的掌门人、昔日的家电骄子，科龙的轰然倒塌在他看来自己只是一个路过的。按照他的说法，"中国证监会为何会对科龙进行如此草率的立案调查呢。原因就在一个人身上——广东证监局局长刘兴祥。正所谓匹夫无罪，怀璧其罪，正因为科龙是块美玉，才遭到刘兴祥等人的觊觎，而我正因为怀有科龙这块美玉，才落至今日身陷囹圄"。

　　诚然，我们生活在一个不完美的世界，甚至每段人生都千疮百孔，但怪罪老天爷，实在帮不了自己。唯有由内而外的反省自我，才能真正开启改变之门。

拐个弯，就能看到另一片天地

　　　凡遵守命令的，必不经历祸患。智慧人的心，能辨明时候和定理。各样事务成就，都有时候和定理。

印度有一位圣人名叫孙大信。每天早晨他在默想的时候，都会看见树上有一只绿色的小毛虫吃着叶子。小毛虫一天天长大起来，变成了茧，接着茧开始破了，蝴蝶想要出来，他看蝴蝶很可怜，决定帮它一把，就把茧撕开，把蝴蝶放了出来。蝴蝶全身还是湿的，挣扎着想站起来，试着要飞，结果刚走了几步就死了。

他后来才明白：人往往会犯这样的错误，喜欢自己来掌控每一件事情，但其实我们根本无力掌控，所谓"人定胜天"不过是一种妄言，因为造物主对每一样事物都定了时候。所谓"凡事都有定期，天下万物都有定时"，如果时机未到，非要帮老天爷的忙，恐怕是越帮越忙。

由此，在中国企业界，柳传志提出一种"看中目标拐大弯"的思维方式，也就是在时机不到时，不妨拐个弯，走走弯路、走走岔路。凭着这种智慧，他渐进式地解决了联想股权改造问题，成为中国少有的成功解决股权激励问题的企业家。这是后来如科龙、健力宝、伊利、长虹、春兰等众多企业都没能办到的。

联想创办后，柳传志一直想办法调动员工的积极性，在企业当家做主，但怎样才能让大家有主人心态呢？他想到了股权激励。这被证明是未来中国企业界的趋势，不过在当时的中国实行起来难度很大。

此前就有不少失败先例。时任红塔集团董事长的褚时健曾和柳传志同台领过奖。当时联想 2000 年前后的营业额才 200 多亿元，而褚时健一手把破落的地方小厂，变成每年向国家上缴利税一两百亿元的大型企业，但因为没有解决好股权激励问题，最后因贪污锒铛入狱。

柳传志意识到，股权激励不能急，更不能拐急弯，否则就容易出事。1989 年 4 月 5 日，在一封写给中科院领导胡启恒的信中，柳传志婉转地提出了公司与中科院的资产关系问题。这是"拐大弯"的开始。出乎意料的是，这大弯却拐了十几年。

1994 年 2 月 14 日，联想在香港证交所成功上市，柳传志趁势提出：联想资产的 55％ 归国家所有，45％ 归员工所有。对于这个"股份制改造的方案"，中科院没有异议，却被财政部和国有资产管理局打回，毕竟在当时，谁也不敢担一个"国有资产流失"的罪名。

退而求其次，柳传志搬出红利分配方案：每年经营产生的红利 65％ 归中科院，另外 35％ 归联想员工。当时，联想前景黯淡，这些数字都是"纸上财富"，因此，从中科院的领导到企业的员工，都没有把它当回事。

柳传志的想法是，先拿到分红权，就可以让不到退休年龄的老同事安心退居二线。要不然直接把老同事换下来，就等于说一棵树前人将浇水、施肥等工作全做了，摘果子的时候让你靠边站，于情于礼都讲不通。一直等到联想拿到了分红权，把它分配到了人头上，老同事才都乐意扶持年轻人。

其实，柳传志的最终目标是将 35% 分红权"转化"为同等权重的股权。早在拿到分红权时，他就要求财务人员把用以分红的现金如数登记在册，严禁任何人动用、挤占。历经 4 年多的积累，分红的现金已经达到了 1.6 亿元，而后来，正是这笔资金的"启封"，使得 35% 的股权成为现实。

等到 1997 年，国家财政部同意将 35% 的国有股权划归联想员工，并允许联想以现金方式购买这部分国有股。因为联想早有准备，于是事情水到渠成。

如果说企业就是一艘战舰，指挥官命令以飞一般的速度直线前进，可能会遇到极大的阻力，甚至会遇到海难和触礁。但是如果保持航向不变，只略微转一个角度，或是改变一下策略，船只就会平稳得多，船员也会安然无恙地到达目的地。

最终，再艰难的航程，在波澜不惊的忍耐面前，也只不过是过眼云烟，最终"农夫忍耐等候地里宝贵的出产，直到得了秋雨春雨"。从望梅止渴的"分红权"到实实在在的"股权"，柳传志一等就是 5 年。

10 年后，柳传志庆幸做了一件聪明事，"因为当时大家分的是一张空饼，谁也不会计较，如果在今天，已经形成了一张很大的饼，再来讨论方案就会困难一百倍了"。

可见，如果静观天时，见机行事，不急不躁，一切就都是水到渠成的事情了。

把时间花在抱负上，而不是抱怨上

我们经过水火，你却使我们到丰富之地。

如果这个世界有一千种理由可以抱怨，却只有一种方法可以改变，那就是把抱怨转化为抱负。乔布斯的人生刚好诠释了这句话。

在 20 岁的那年，乔布斯和伍兹在一个车库里面开创了苹果公司。经过十年努力，他们把这个从车库里创立的公司，发展成为拥有四千多名员工、价值超过 20 亿美元的大公司。然而，就在公司成立后的第 9 年、乔布斯志得意满的时候，他却被炒了鱿鱼。

这怎么可能？一个创始人被自己创立的公司炒了鱿鱼？可是事情就是这样发生了。这是乔布斯一生中，在激烈权力斗争中唯一一次大的失败，对他而言是灾难性的打击。在最初的几个月里，他感觉无奈和绝望，甚至想过离开硅谷，离开这一切。

或许，苹果公司快速成长的时候，乔布斯没有雇用斯卡利来管理这个公司，他们没有在公司发展战略上出现分歧，也许董事会能够站在他这一边，事情可能是另外一种结局。

但许多年之后，乔布斯却认为，被苹果公司开除，是他人生中最有意义的事情。因为他从迷茫中找到了事业方向，并全心投入自己的创意。在接下来的五年里，乔布斯创立了一个名叫 NeXT 的公司，还有一个叫 Pixar 的公司，Pixar 制作了世界上第一个用电脑制作的动画电影——《玩具总动员》——成为世界上最成功的电脑制作工作室。这不仅给他带来了滚滚财源，也被苹果公司相中，使得乔布斯得以扬眉吐气地重返苹果公司。

再次回归苹果公司，出现在人们面前的已不是十年前的那个愤青小子，而是一个充满着激情的"幻想家"。乔布斯清楚地知道，苹果公司的基因注定不是一家单纯的电脑公司，而是能给消费者提供最佳体验的消费电子公司。而他在 NeXT 公司时期所发展的技术，正是复兴苹果公司所需要的东西。

再回首，乔布斯为这段流放经历感恩："被苹果公司炒鱿鱼是我这辈子里最棒的事情了。如果我没有被公司开除的话，这些事情中的任何一件也不会发生的。良药苦口，但是我想病人需要这剂药。"

生活并不总是风平浪静，往往在惊涛骇浪中，在旷野孤独中，正是上天要磨炼我们、赐福我们的时刻。在经过水火一般的磨炼之后，最终到达丰富之地。生命的成熟不可缺少这样的磨砺。

如果你研读林肯一生的事迹，就会发现他是最有理由抱怨的人。在 51 岁之前，他的人生充斥着两个字——失败。以下是林肯的简历：22 岁生意失败；23 岁竞选州议员失败；24 岁生意再次失败；25 岁当选州议员；29 岁竞选州议长失败；34 岁竞选国会议员失败；37 岁当选国会议员；39 岁国会议员连任失败；46 岁竞选参议员失败；47 岁竞选副总统失败；49 岁竞选参议员再次失败。可是在 51 岁那年，林肯终于当选为美国总统，他的秘诀就是：把时间花在抱负上，而不是抱怨上。

如果我们的眼睛只是定睛在那些难处和烦恼上面，就会陷入负面的思想中，把问题无限放大，以至于没有信心走出困境。其实，世界是什么样子，取决于你用什么样的眼光来看。

比如，有的人每天看证券报，看到的是什么？可能满眼看到的都是 ST 朝华的资金黑洞、格林柯尔的胡作非为，看到的都是哪个银行的 ×× 携款而逃，×× 资本玩家又玩穿帮了，×× 拒付对价了，会觉得股市充满着欺诈，到处是陷阱。然后把自己被套归结到种种黑幕上去，结果就是自己没错，错了的是市场，是这个世界。

而有人却会研究上市公司的调研报告，研究趋势，在潜移默化中提高自己的投资智慧，渐渐地产生一种敏锐的直觉，即使看那些揭黑幕的报道，也只会因此产生警觉，避开陷阱，而不会一边抱怨，一边重蹈覆辙。

这就是两种不同的人生态度。后者更积极、更乐观，也更有智慧。不同的心态，造就了迥然不同的人生。

第 8 章

不计较是胸怀，不比较是智慧

财富取决于创造，而非竞争。在财富的大道上，如果我们心怀感恩，一路与"道"同行，任何精神上的财富，都会转化为你想要的一切有形财富。

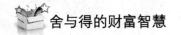

宽容别人，就是扩张自己的领域

傲慢只会带来争端，接受劝告的，却有智慧。

放眼古今，大凡有所作为的人，都拥有宽广的胸怀和足够的能量场，心胸宽则能容，能容则众归，众归则才聚，才聚则财聚。

春秋时期齐襄公有两个兄弟，一个叫公子纠，当时在鲁国；另一个叫公子小白，当时在莒国。两个人各有一个师傅，公子纠的师傅叫管仲，公子小白的师傅叫鲍叔牙。

后来，齐襄公在一次叛乱中被杀。两个公子听到消息都抢先回国欲争夺王位。就在公子小白回齐国的路上，被埋伏多时的管仲暗射一箭。管仲以为小白已经死了，不慌不忙护送公子纠回国。谁知小白只是诈死，随后抄小道抢先回到国都临淄，当上了齐国国君，史称齐桓公。

不久，齐桓公欲发令将管仲治罪，鲍叔牙却极力劝说齐桓公重用管仲："那时他是公子纠的师傅，他用箭射您，正是说明他对主公一片忠心。论本领，他比我强得多。您若要成就一番大事业，管仲可是个不可多得的人才。"

于是，齐桓公听从鲍叔牙劝告，任命管仲为相，管仲果然不负所望，助齐桓公成就了春秋五霸之首。后世又有李世民起用"仇人"魏征为宰相之善举，同样助其缔造了大唐盛世。

可见，领导人的个人意志常常会决定组织的最终走向，而是否善于采纳下层员工的可行性建议非常关键。心胸宽广的人"锐气藏于胸，和气浮于面"，能够包容不同意见，乐意倾听下属声音，因而就能收揽人心，成就大业。

对此，马云总结出：做企业胸怀尤为重要。"细节能成就一个人或一家企业，但没有包容的胸怀，细节对成功则不再具备推动力。"

马云笑称自己的团队就像"动物园"，这里容纳了各种稀奇古怪的人，有些人能干活不能管人，有些人能管人不能干活。员工来自16个国家，有德国人，严谨得有点严酷；有秘鲁人，哥伦比亚大学毕业后在美国银行做了8年研究；还有韩国人、美国人。生长环境、文化背景都完全不同，有的人5分钟不说一句话，有的人特别爱说话。"十个有才华的人有九个是古怪的，总认为自己是最好的，你要去包容他们。"

王小波在《花剌子模信使问题》一文中讲了这样一个故事：中亚古国花剌子模有一个古怪的风俗，凡是给国王带来好消息的信使，就会得到提升，给国王带来坏消息的人，则会被送去喂老虎。

现实中有很多这样的人，习惯听顺耳的话，听吹捧的话，不愿听逆耳忠言，搞得下属不敢唱反调，只能充当"好消息信使"，结果高层长期听不到基层真实的信息，昏招频出，走错了道又不肯回头。

例如美国通用汽车公司。1981 年，罗杰·史密斯成为通用汽车总裁，对待意见相左的高层及董事会成员，他的惯常做法就是炒鱿鱼，或者"贬职发配"。有一次，公司董事罗斯·佩罗特说："如果其他公司的雇员看见一条蛇，会杀了它。但在通用，首先你要设立一个关于蛇的委员会，然后请来一个对蛇有研究的顾问，第三件事便是为这个话题讨论一年。"

作为对此话的"回应"，史密斯让佩罗特立刻走人。

后来，通用汽车出现了 19.8 亿美元的巨额亏损，沦为当时美国三大汽车公司中唯一的亏损企业。到了 1991 年，亏损额达到了 44.5 亿美元，比福特公司亏损额多一倍，在美国市场占有率下降到 34%。

为此，《华尔街日报》送了史密斯一个雅号——"80 年代的管理庸才"。

同样的情况也曾发生在史玉柱的身上。当年史玉柱忘乎所以、大肆扩张时，他手下和周围很多人都担心、反对，可没有一个人敢站出来劝阻他。而当他大势已去、反省悔过之时，才有一位德高望重者送了一首打油诗给他："不顾血

本，渴求虚荣；恶性膨胀，人财两空；大事不精，小事不细；如此寨主，岂能成功。"史玉柱收到后，当即挂到办公室墙上去了。

其实，这世上愿意讲真话的人不在少数，但问题是，在"春风得意马蹄疾，一日看尽长安花"的时候，有几人能闻过则喜，听得进"逆耳忠言"？

说来说去，人是否有宽广的胸怀、容人的雅量，实是关乎事业成败的一件大事。

心中无敌，无敌天下

喜爱争竞的就是喜爱过犯；把家门建高的自取灭亡。

今天，有一种零和思维盛行一时，即相信竞争必然是你死我活、只有置想象中的对手于死地自己才能生存的思维模式。或许是因为这一思维模式，使得各个行业、各个领域，不断上演着种种剑拔弩张的场面和恩怨纠葛。

但老子却反对这种思维方式，他认为，上天的道，总是在不争不竞中获全胜，在无言无语中应答自如，在不期然时而至，在悠悠然中成全。这就像一个浩瀚缥缈的大网，稀疏得似乎看不见，却没有什么可以漏网逃脱。

对老子的这种理念，很多成功企业家都大为推崇。冯仑曾称许说："做企业第一是不争，不企图吃掉别人。我们不去寻求垄断的机会……老子说'夫唯不争，故天下莫能与之争'，就是这个道理。"也就是说，做企业不要在抢生意、打击对手上花心思，而是把该做好的做到极致，练出最好的"武功"，反而可以占据有利地位。

不过，人性总有一种争强好胜的强烈欲望——看世人热衷于各种游戏与比赛，就知道这种"本能"有多么强烈。更不用说小孩子一生下来，就被放在这个模子里，学校竞争、社会攀比，犹如一场场无止境的运动会一般。

所谓逞一时之强，往往只是一时小胜，失去的却是他人的友好和包容，最终反而置自己于孤立境地。正如西谚说的那样："喜爱争竞的就是喜爱过犯；把家门建高的自取灭亡。"

今天，中国企业缺乏的就是竞争中合作、合作中竞争这种文化，在现实中我们可以看到许多例子，这与史蒂夫跟比尔·盖茨之间的那种竞争又互相依托的关系，形成了鲜明的对照。

例如华为，一直以来致力发展一种"狼性文化"：一方面，通过"文化洗脑"和员工持股、高额奖金等物质激励，调教出一群凶猛的土狼，不断蚕食狮子周围的领地；另一方面，它把所有的合作者也视为实现目标的手段，例如华为与3COM公司的合作。2003年，华为宣布与3Com成立合资公司"华为3Com"，目的是借力3Com公司获取欧美的渠道与市场。然而，随着3Com公司业绩持续低迷，华为难以借力很多，最终决定放弃联姻，将手上所拥有的合资公司49%股份，以8.82亿美元卖给3COM，后者被"敲"了一大笔银子。而华为当初的投入，不过是"以技术入股，将向合资企业提供企业网络产品的业务资源"。

在争取客户方面，华为更是不计成本，以"价格屠夫"的形象出现。客户经常被华为问及："你们现在的供应商提供什么产品？我们的价格可以便宜30%！"这使有些人得出了"华为富于侵略性"的结论。同时华为还在扩张中使用"免费赠送"杀手锏，虽说在很大程度上促进了其全球份额的快速增长，但也引起了国际同行的警惕。

因此，华为先后尝试过收购2Wire、3COM公司、3 leaf公司及摩托罗拉无线部门资产，最终因美国监管机构的干预而受阻，尝尽了屡战屡败的滋味。按理说，从报价来看，华为没有理由不成功——它的出价较其他竞购者高出至少1亿美元。

对于其中的原因，虽有不同的说法流传，但有一个不可忽视的事实是，华为强势的战略推进，激起了竞争对手的狙击。一个明显的例子是华为和思科长达 11 年的竞争和对抗。思科 CEO 钱伯斯曾毫不掩饰地说："我们将尽一切能力阻止他们在美国扩展，虽然这非常艰难。"

如兵家所言，伤敌一万，自损八千。所以马云感慨地说："不是把村里的地主斗倒了，村民就会富起来。如果你眼中全是敌人，外面全是敌人，带着仇恨一定会失败。所谓心中无敌，才能无敌于天下。"

相对于华为，三星的行事做派低调得多。2002 年 4 月，三星电子市值历史性地超过索尼，三星的全体员工都欢呼雀跃，掌舵人李健熙对此反应却非常冷淡。很快，各部门收到不去触怒索尼的"五条诫命"，包括"不要进行过分的宣传活动"、"聚会时不要夸夸其谈"等。这样的策略消除了众多对手的敌意，使三星成为世界最受尊敬的企业之一。

其实，"心中无敌"并非指藐视天下英雄，自以为天下第一，而是避免和别人进行无用、没有任何效益的争斗，海尔掌门人张瑞敏曾经讲过这样一个故事：

1965 年，我上中学时到青岛中山公园劳动，发现了一个现象：在喂狼的时候，给它一根骨头，所有的狼都上来抢。再扔一根骨头，这些狼又同时来抢这一根骨头。哪怕扔进去五六根骨头，它们也不会是每一只狼分一根，而是共同去抢一根，抢完了再抢另一根。

竞争诚然无可避免，但问题是，是不是要时刻紧盯着竞争对手的一举一动，与对手展开一城一池的角逐呢？张瑞敏很清楚，与其紧盯着对手那根可怜的骨头，不如紧跟市场的变化，专注于用户的需求。一旦被绑上价格大战的战车，最大的可能是成为炮灰。所以，在多次遭遇价格恶战、同行大打降价牌的巨大压力下，海尔坚持不以降价来赢得市场，最终不战而胜。

财富取决于创造，而非竞争。无须人为争斗而获胜，远比人为斗争高超得多，何乐而不为呢？

走自己的路，种自己的田

耕种自己田地的，必得饱食。追随虚浮的，足受穷乏。

放眼世界，成功者大多有一种特立独行的精神，总会选择迥异于常人的道路。

比方说鼎鼎大名的美国苹果公司总裁乔布斯，就曾经在2005年6月12日斯坦福大学毕业生典礼上如此说："你们的时间有限，所以，不要浪费自己的时间活在其他人的生活中。

不要被条条框框束缚住自己的手脚，否则你就是在以别人的思维生活。不要让别人的建议盖过自己内心的真实感受。最重要的是，要有勇气顺心而为，跟着感觉走。自己的内心和感觉多多少少已经了解了你真正想要什么。"

又如 eBay 公司 CEO 梅格·惠特曼——少有的世界级女性 CEO——在接受《财富》杂志采访时称："要记住，只要是自己想做的事情，就一定能做到。有人可能会说，'你不够聪明……太难了……这个想法愚不可及……以前从没有人那么做过……女人不能那么干'。1973 年，我妈妈就给了我一条建议：不要管别人怎么说。不论别人对我的职业方向怎么评论，我从不关心。"

不管别人怎么说？这种心性又是从何而来？李开复的回答非常实在："反复叩问自己的内心，向人生更远的方向看去，而不是被眼前的喧嚣所迷惑。"

但大多数人的生活是被他人的建议所左右的，甚至听任别人为自己贴标签，以至对自己产生错误的看法，迷失在卑微感和微不足道的迷雾中。于是，选择常常被他人绑架，无论如何，从心选择都不是一件易事。

1992 年，当夏华辞去中国政法大学的教师职位去站柜台卖服装时，未曾想到，自以为深思熟虑的一个决定，竟会遭受了如此大的压力。要知道，那时候法律人才奇缺，从中国政法大学走出来的个个都是香饽饽！更何况她扔掉的还是太阳底下最尊贵的职业！

其实，最初的想法萌生于一次偶然的远行。1992年，夏华接受国务院"沿海地区经济发展和法制建设"的课题，带学生去深圳、福建调研。一路走过来，她内心受到了极大冲击——原以为那些巨额财富的创造者，一定都是饱读经书、满腹经纶的。而事实上，他们当中很多人没有读过多少书，有的人甚至连自己的名字都写不清楚，但是他们确实有勇气，站起来改变自己的命运，而且他们成功了。

这一切都让她心理不平衡，"论吃苦耐劳，论奋斗打拼，我绝对不比他们差，为什么我不可以？"回北京后，夏华毅然向学校提交了辞职报告。

此事在学校里立即引起了轩然大波。系主任苦口婆心地劝说："条条大路通罗马。在中国政法大学也有很好的前途，也可以为社会作出很大的贡献。"但夏华不为所动："我觉得飞机一定比汽车快，既然选择了盖房子，就应该早打地基早成梁！"

然而，家人的反对声更为坚决，年迈的父亲为此一年多没和女儿通话。他实在想不通，自己节衣缩食供女儿读书这么多年，好不容易熬出头了，乡亲们都羡慕的金饭碗，怎么说扔就扔了？夏华也能理解年迈的父亲——14岁那年，母亲因患肺气肿猝然离世，父亲为了谋生，终日劳碌奔波。

但夏华从小就敢于担当，这一点，打从辽宁农村走出来的那天起就没变过。她坚信时间是最好的证明，只要做好了，总有一天，父亲会认可自己的。

经过十几年的艰辛打拼之后，夏华如愿以偿地拥有了一家年销售额过亿元的服装公司，从一名大学老师变身为成功的企业家。

也许是因为缺少一种坚定的自我认同，使人常常生活在别人的眼光和标准里，人云亦云，随波逐流。"某某告诉我要怎么做"，"有人说这样是好的"，"别人要求我怎样做"……内心的天平受制于外界而飘摇不已，就像墙上的芦苇，风吹两边倒，没有主心骨了。

两个多世纪以前，德国大文豪歌德的小说《少年维特的烦恼》轰动一时，但故事结局以主人公维特自杀而告终。这部作品出版后，歌德名声大震，旋即在欧洲引发了一阵自杀浪潮。因为影响太过强烈，好几个国家都宣布这本书为禁书。

后来有人专门对这种现象作了跟踪研究，指出这是社会认同原理的一个病态例证。换句话说，就是人们特别容易受群体行动的误导，而且完全是无意识的、条件反射式的，而实际上，群体的判断在很多时候都是错的。

其实，无论外界如何评说，时代潮流如何，最可靠的向导是我们的心。假如我们知道明天即将离开这个世界，还会为了别人莫明其妙的价值观去虚掷生命、浪费人生吗？

星巴克的创始人霍华德·舒尔茨有一次到伦敦出差，走过繁华的牛津大街，看到一个很小的门脸，里面有一位老人，穿得很干净，坐在那里卖奶酪。在他看来，卖奶酪跟卖盐一样，很辛苦，不赚钱，于是他走进去问道："这条街的房租这么贵，你赚的钱能够付得起这个房租吗？"

老人微笑道："你先买 10 英镑的奶酪，我再告诉你。"他买了之后又问。老人回答说："年轻人，你过来，把头伸出去看看，这条街上的大部分房子是我们家的。我们家世世代代以卖奶酪为生，卖奶酪赚了钱不知道干什么，就把这些钱买了店面，一直卖到今天。我天生就喜欢做奶酪，我儿子还在做奶酪，我们祖祖辈辈觉得这是一个幸福的行业。"

霍华德恍然顿悟，做自己的事情，不必要拿别人的标准去衡量。每个人所要做的，就是诚实地面对自己的内心，而不是和别人无意义地比较。当你盯着别人的东西时，自己也就慢慢迷失了。

了解这一点，就会重拾对生活的主动权，不再被别人的期待和愿望所左右。

千里修书只为墙，让他三尺又何妨？

人生当中，舍即是得，让便是进，不争即争。

在商业较量中，人们都喜欢争强好胜，而不甘屈居人后，认为资源匮乏，机会有限，蛋糕只有那么大，不争就被别人抢去了，更遑论让？

　　但事实上，什么样的人才会成为富翁呢？他相信万有是无限量的，财富是无限量的，市场是无限量的，自己的创造能力和智慧更是无限量的。因此，懂得退让之道，留一点余地给别人，合力把事业蛋糕做大。

　　19世纪90年代，美国商界有两位超级大佬，一位是"钢铁大王"卡耐基，另一位是"石油大王"洛克菲勒。

　　1865年，眼光敏锐的卡耐基看到了钢铁业的光明前景，果断地辞掉了铁路公司的职务，开始创办自己的钢铁企业。他一度天真地认为，铁矿石原料取之不尽，价格必会永远低廉，所以不屑于进军铁矿业。

　　铁矿与钢铁厂的关系，人们也许都略有所闻。其实，现今的情况和一百年前无异。日本、韩国、中国的大型钢铁企业，每年都要派出谈判代表，与澳大利亚必和必拓公司、力拓公司、巴西的淡水河谷几个铁矿业巨头进行艰苦的价格谈判，因为铁矿石产业被少数私人金融集团控制着。

　　忽然间，洛克菲勒却闯进了卡耐基的地盘——他大举收购铁矿山，通过控制运输，使用超低价格，也就三招两式，成功地控制了采矿行业。好在卡耐基的几个老部下买下了部分梅萨比的股份，否则，在接下来钢铁行业的大整合中，"老钢王"就没什么指望了。

更有报道称洛克菲勒还要进入钢铁行业，与卡耐基一争高下，听到这个消息，卡耐基不禁倒吸一口凉气。

一场龙虎斗在所难免，但卡耐基决定言和。在这种时候，任何妥协和让步，不是为了得到"最好"，而是为了避免"最坏"。于是，他邀请洛克菲勒在谈判桌前坐下来，然后说：我愿意买下你全部的铁矿石，只要你不涉足钢铁业。作为交换，我的全部铁矿石将交由你控制的铁路和船舶运输。洛克菲勒思忖再三，最终答应了。

就这样，洛克菲勒与卡耐基，美国最大的矿石生产者与最大的消费者，结成了联盟。

有时，战术性让步是为了战略性的获利。后来的事实证明，卡耐基的策略是上策中的上策。1894 年，洛克菲勒以每股 10 美元的价格买下了苏必利尔联合铁矿公司的股票。5 年后，这些股票每股达到了 60 美元，1901 年则达到惊人的 100 美元。听到这个消息，卡耐基惊得目瞪口呆。同时，也庆幸自己当初的明智抉择。

"和比自己强的人合作，而不是和他们战斗！"，这成了卡耐基一生信奉的理念。

其实，人生在世，难免会遇到各种复杂艰险的情势，有人取强势姿态，处处不肯让步，以咄咄逼人的态度迫使他人服软，但是，这种凌厉刚毅往往孕育着极大的威胁，很容易成为别人的靶子。

妥协是联想特有的文化。柳传志曾经告诉自己的下属，无论是做人还是管理，既要坚持原则，又要善于妥协。坚持原则才能有正气，善于妥协才能保证团结。妥协，准确地说是容纳别人，委屈自己。要做一番事业的人必须有这样一种境界。

然而，年轻必然气盛，会视"妥协"为"违心"和"屈就"，怎么能肯呢？

1994年3月19日，30岁的杨元庆被任命为联想电脑事业部总经理，那时的他，"眼睛里揉不下沙子"，认定有理的时候，即使遇到天大的压力也不肯妥协，完全不顾别人的感受，这让联想的一些早期元老不太舒服，乃至演变成为激烈的冲突。

1996年年初的一个晚上，杨元庆和属下的高级经理奉命来到会议室———联想很多决定都是在这个房间做出的。正谈笑间，大门洞开，柳传志走进来，坐在杨元庆对面，没有一句寒暄，劈头盖脸一通斥责："不要以为你得到的一切是理所应当的，你这个舞台是我们顶着巨大的压力给你搭起来的……你不妥协，要我如何做？"

杨元庆彻夜未眠。第二天，杨元庆桌上放了一封柳传志的信，在信中，柳传志除了坦诚地描述了对杨元庆的看法外，还表示将以"未来核心领导人"的标准要求他。

在后来的岁月里，杨元庆逐渐体会到柳传志当年的深意。后来他感激地说："如果当初只有我那种年轻气盛的做法，没有柳总的那种妥协，联想可能就没有今天了。"

这恰好应了老子的话："天下至柔莫过于水，而攻坚强者莫之能胜。"水性是柔和，懂得示弱，然而却能"滴水穿石"，懂得退让之道的人，能够屈伸自如、海阔天空。

善待对手，就是成全自己

如果你与告你的对头还在路上，就赶紧与他和息。如果他把你送给审判官，审判官交付衙役，你就下在监狱里了。

在日本渔民中有这样的说法，在味道珍奇的鳗鱼身边，放入它的对头狗鱼，鳗鱼就能长久地保持活力。每个人的生活中也少不了这样的"对头"，正因为他们的存在，才使得人可以时刻保持旺盛的活力。从这个意义上说，不仅不要去消灭对手，还应该善待对手。

20 世纪 70 年代，美国传媒界有两大对手，即《华盛顿邮报》与《华盛顿明星新闻报》。

1972 年水门事件发生后，《华盛顿邮报》最早披露了这一事件，尼克松政府对此非常反感。此后，尼克松政府表示，以后只接受《华盛顿明星新闻报》的采访，拒绝接受《华盛顿邮报》的采访。

然而，在处理这件事情上，《华盛顿明星新闻报》所表现出来的态度令人惊异。它发表社论说，它不会作为白宫的泄愤工具来反对自己的竞争对手，如果《华盛顿邮报》的记者不能进入白宫，那么他们也将停止采访该机构。结果，尼克松政府被迫改变了原来的立场。

在这里，《华盛顿明星新闻报》所认识到的，就是善待他人，彼此放下敌意，对事业大有帮助，能建立积极、长远、稳固的人际关系，结果是双赢或多赢。

20世纪90年代中期，乐百氏和娃哈哈同为国内饮料界的双雄品牌，双方实力旗鼓相当。有一年发生了一件意想不到的事：有一位亡命之徒在娃哈哈果奶中投毒，并以此来向企业要挟索要钱财，结果两名小学生中毒，而在未经核实的情况下，国内某家报纸刊出了这条中毒新闻，一时间媒体竞相转载。

当时，娃哈哈集团董事长宗庆后正在国外考察，闻知此事后立即打电话给对手乐百氏总裁何伯权，请求给予援助。与旭日升打击对手的做法相反，何伯权当即通电全国的营销公司，严令禁止传播、转载这一新闻。而一些小的果奶企业却以为天赐良机，纷纷把刊发中毒新闻的报纸广为散发，或传真给有关的经销商。

事后，有记者问何伯权，你为什么不趁此机会打击娃哈哈？何伯权说，这种恶性事件的扩散是对整个果奶市场的伤害，乐百氏如果借机贸然出手，其结果是往自己的脸上打重拳。

这样的做法，彰显出一个企业家的气度和心胸。谁都知道，打击甚至诋毁对手的做法并不高明，最终往往会祸及自身，但现实中总免不了有人以身试水。

一个典型的例子是发生在伊利和蒙牛两家企业之间的"抹黑门"事件。

事情起源于一种在牛奶中添加的名叫"DHA"的物质。2008年3月，蒙牛宣布推出专业的儿童液态纯牛奶"未来星"，并取得了骄人的销售业绩。2009年1月，伊利推出"QQ星"分羹儿童奶市场。"QQ星"显然技高一筹——添加了深海鱼油DHA。2010年5月，蒙牛不甘示弱，继而宣布旗下"未来星"产品升级，全线产品添加DHA藻油。

然而，就在这一年7月间，国内不少媒体爆出《深海鱼油大多有问题，专家称造假现象严重》、《深海鱼油市场鱼龙混杂，所含EPA成分存巨大隐忧》、《专家："深海鱼油"危害超过地沟油》等消息，随即关于"深海鱼油不如地沟油"的恶意攻击性文章在网络上大量传播。众多网帖的矛头指向伊利QQ星儿童成长奶。

2010年10月19日，关于"蒙牛是'圣元奶粉性早熟事件'幕后推手"的说法在网络流传，随后牵出一桩涉及伊利、蒙牛和两家公关公司的商业诽谤案件。

警方经过缜密侦查，证实这起攻击伊利QQ星案件的始作俑者，是蒙牛乳业儿童奶负责人安勇，由博思智奇副总经理肖雪梅带领公司三位年轻员工和安勇共同商讨完成，实际发生费用28万元。选择深海鱼油作为攻击目标，是因为其成分主要为EPA和DHA，而伊利QQ星儿童成长奶粉含有DHA。

事发后，蒙牛在公开声明中撇清关系，将此归结为安勇个人行为。

但"个人行为"的说法，却难以说服天下人。央视主持人崔永元在微博中调侃道："蒙牛乳业一部门经理联手不法分子在网络上攻击伊利被内蒙古警方查获，蒙牛回应说是此经理的'个人行为'。这位叫安勇的部门经理干此坏事花费了28万元，所以我号召网友向他学习，学习他花自己的钱为公司做事的宽广胸怀，学习他为公司做事还不让公司知道的默默奉献精神，学习他为公司利益不顾个人安危的大无畏气概，学习他……等他出来再问问还能学什么吧。"

与此同时，蒙牛也翻出老账："经公安机关查实，2003～2004年间，伊利集团曾花费超过590万元，雇用公关公司对我公司进行新闻攻击。"但该案在侦破后，并未按照有关程序移交检察机关，也未在媒体上公开。

事实上，从1998年牛根生突然被伊利总裁郑俊怀扫地出门，到一年后，牛根生手持100多万元家底开始创办蒙牛集团起，两家企业一直你来我往，明争暗斗。

结果证明，企业之间不肯放下陈年旧怨，听任那些积怨毒根继续生长，总有一天会发展到不可收拾的地步。

在这里，姑且不论谁是谁非，人们看到的是鹬蚌相争，渔翁得利。就在这两家国内乳业巨头窝里斗得正酣时，国人对于乳品行业的不信任已从产品扩大到人品上，这也正是置身事外的洋奶粉所乐见的。于是，外资品牌乘虚而入，顺势占据了城市高档奶粉的半壁江山。

由此可知，善待对手，何尝不是成全自己呢？！

第 9 章

简单的选择，成功的必然

对今天的人们来说，走出绚丽繁复，回归理性的沉静，是一个很大的挑战。把简单变复杂并不难，难的是把复杂变简单。"复杂"，常常把人们挡在财富的门外，而成功的密码常常是简单的。简单使生命之船驶离繁华的表层，进入水深之处，那里总是聚集着最丰饶的鱼群，等待着你去捕获。

好公司都是简单的

朴，无为而无不为。

老子曾有一个"无为而无不为"的著名理论，认为世间一切美好的东西都是简单的，只要人保持婴儿的精神或童心，就可以去做任何事情。这种理念延伸到企业界，可以得出这样一个结论：好公司必然是简单的，从概念、产品、品牌定位、流程到服务，都是清晰的、简单的，简单到一句话能把自己说清楚，别人一眼就能看懂。

这方面最有说服力的例子莫过于苹果公司。苹果公司从来没有做过什么全新的产品，但它将一件事情做到了极致：让复杂的东西变得简单优雅。从苹果公司的产品设计中，处处可以看到简单至上的设计理念：人性化，贴近人类需要，界面友好，操作简单。

乔布斯在重新接管苹果公司时，公司销售的产品类型多达40种，从打印机到掌上电脑，但是每款产品在市场上的占有率都很小。而且，每款产品都有很多型号，最要命的是，这些产品表面上看上去是多子多孙的繁荣景象，其实，型号

◈ 简单是一种信仰

之间技术上几乎没有什么差别。

于是，每当有新产品与新想法呈现到这位 CEO 面前时，默认的回答都是"不"。让工程师们惊诧的是，乔布斯点击"删除"键的速度无比迅速。无论是产品设计还是公司架构，乔布斯都奉行"能少一个是一个"的策略。他砍掉了上千个公司正在进行的研发项目，仅留下了四款产品线。凭借这四款产品，苹果公司起死回生。

在百度，"简单可依赖"的文化，如空气一般地充满着整个企业。盘点百度的各种产品，无一不贯穿着"简单"的主线。比如百度文库的推出，就源于这一理念。事情的起由，是因为百度工程师偶然发现，人们上网查找和分享相对专业的文档很不方便，极需要一个分享平台。

"框计算"的推出，更是百度对简单精神的一大突破。随着互联网内容的丰富，用户对于互联网和搜索的需求，悄悄向着更加直接精准的方向转变。由此，网友们在百度搜索火车时刻表、天气、一款小游戏的名称，或者是一串繁复的算式时，在结果页立刻会直接显示最终内容，或者可以直接调用应用程序。在百度每天数十亿次的用户检索当中，框计算已经影响了 63% 以上的搜索结果，仅应用部分的总体验已突破数十亿人次。

今天，在百度人看来，简单，不仅仅是一种产品哲学，更是一种信仰。

李彦宏曾说："我和百度都无法提供人生的捷径和职场上的潜规则，而且我们并不为此感到抱歉，因为这些并非用户所需。你不必因为外界环境的影响而扭曲本真的自我；你不必操习那些你曾经不屑一顾的所谓技巧来获得他人的赏识；你不必让自己的成就与虚与委蛇、见风使舵、患得患失、畏首畏尾相联系。在阳光下拥有朴素的成功，让自己变得敢于、乐于、善于为世界创造价值。"这是对简单哲学最生动的表白。

　　其实，真正的大家就如同小孩子般简单，以单纯、率真、不自以为是的思维去考虑问题。他们不会先入为主，更不会故弄玄虚——把简单复杂化，来掩饰内里的浅薄和空虚。而有些满腹经纶的人，有很强的逻辑分析能力，充斥着理性的条条框框，却往往心思复杂、头脑混沌，无法抓住事物的焦点和问题的关键。

　　可以说，复杂的东西固然眩目，但炫目的背后往往是荒唐和陷阱。

　　2000年前后，托普曾经是一家最耀眼的"高科技明星企业"。掌门人宋如华凭借空手道技巧，使得托普软件园工程在全国遍地开花，名声如日中天。可是，始终没有人弄得清楚，托普到底是做什么的，靠什么产业赢利？

　　有一次企业家论坛上，华为公司的任正非问坐在旁边的宋如华："托普到底是做什么的？"宋如华想了半天也答不上来。

直到 3 年后，有关部门仍表示："银行至今还无法弄清楚托普在全国到底办了多少家子公司，有多少关联企业。"唯一弄得清楚的是，宋如华早已于 2004 年 3 月初，以 2 元钱将自己的 1 800 万股股权转让他人，赴美不归。

诚如日本首富斋藤一人所言："我从 20 年前就一直这样说，世上的事是简单的。这种观点已经完全地融入了我的头脑，它的存在就像是空气般自然。"

专注是赚钱的唯一途径

心怀二意的人呐，要洁净你们的心。

每逢有人问及成功秘诀，帕瓦罗蒂总会重复一个故事。从师范院校毕业时，他问父亲："我是当老师呢，还是做歌唱家？"父亲幽默地说："如果你想同时坐在两把椅子上，你可能会从椅子的中间掉下去。生活要求你只能选一把椅子坐上去。"

最终，这位世界歌坛巨星只选了一把椅子——做一名歌唱家。经过 14 年的努力，帕瓦罗蒂如愿登上了大都会歌剧院的舞台。

这就是专注所产生的惊人力量，即集中全部人力、物力、财力，集中攻一点，把把有限的资源投放到优势战场上。这与许多成功人士的创富理念不谋而合——集中全部力量在一个目标上，成功会随之而来。

乔丹从 15 岁开始从事篮球事业，一直坚持只投身篮球运动，成为 NBA 历史上最伟大的球星；

比尔·盖茨因为专注于操作系统而成就微软；

乔布斯因为专注于数字娱乐而成就苹果；

李彦宏因为专注于搜索引擎而成就百度；

刘翔只做成了百米跨栏，广告收入几天就几百万元；

赵本山坚决把人逗笑了，就成了亿万富翁。

童话巨富郑渊洁说："我三十多年只写童话，到头来发现专注做好一件你最喜欢的事，收获的绝不是一棵树，而是整片森林。我的经历给那些没有机会上大学的人特别是年轻人以信心，让他们不气馁。条条道路通罗马，坚持你的梦想，持续为之努力，你就能获得成功，而那些嘲笑和挫折，也是一种财富。"

事实上，无论是做人还是做事，无须处处争强好胜，而要讲究浓墨重彩，懂得看空、看轻旁枝末节，腾出精力来抓住关键。如果把力量分散在许多方面，很可能一事无成。

新东方曾经认为自己很牛，于是忘乎所以，在很多培训领域做了多元化尝试，做过公务员，做过司法考试，还开过两家幼儿园，摸爬滚打几年后，业绩平平。不甘心之余，又开了三家早教中心，结果亏得一塌糊涂。

无独有偶，可口可乐也曾试图进军其他领域，先是投资哥伦比亚电影公司，结果亏本，不得已卖给索尼了事；它接着又收购了一家葡萄酒厂和一个面积庞大的种植园，同样以亏损而告终；它还办过养虾养鱼的养殖场，还是亏得一塌糊涂。

专注是伟大公司必不可少的DNA。翻开近年《财富》杂志世界500强的榜单，可以发现，每一年上榜的、成功的企业绝大多数是专业化经营的公司，而上榜的多元化企业只是极少数，其余多半以惨败收场。如果不肯接受这一点，多头出击，战线拉得很长，注定会在左冲右突之中陷入困局。

新希望以养殖业、饲料业起家，经历了20世纪90年代的高速成长后，随着行业竞争日益激烈，利润日益摊薄，创始人刘永好萌生了多元化冲动，纵横捭阖，将触角伸向了金融、地产、化工、乳业等多个领域。鼎盛之时，刘永好本人头顶100多家公司的董事长头衔，其中三分之二的公司都与农业无关，可谓眼花缭乱，目不暇接。

面对如此复杂的发展格局，刘永好得意地抛出了一个比喻来形容自己的事业版图：公司总部是这架飞机的头，确定方向和实施决策；饲料业是这架飞机的身子，处于主要产业的位置；金融是飞机的左翼，房地产是飞机的右翼，而正在初步踏入的高科技等领域是机尾。

然而，经过十几年转型的左冲右突之后，新希望正重新聚焦核心业务。就像刘永好宣布的那样，未来新希望将以饲料业作为重点投资方向，以产业链的延伸作为下一步发展的重点，而对其他领域的介入，小心谨慎并懂得适可而止，最终还是要来反哺、壮大农牧业。

2010年9月，新希望股份对乳业和房地产资产进行剥离，转而置入78亿元到农牧资产。

促使刘永好做出这一决定的原因，是多元化带来的一系列问题。事实上，新希望一直为多元化所累。尽管新希望房产一直声称要成为全国的知名品牌，但十年来，新希望房产成绩寥寥，并无多少核心竞争力。缺乏专业人才、缓慢的开发速度等现实问题，使之付出了很高的机会成本。乳业同样如此。在中国乳业大局已定的格局下，新希望几乎很难找到新的市场突破点。在零售业、化工领域的努力也早早宣告失败。

与此同时，同为国内饲料业巨头的通威，也放弃了雄心勃勃成为新能源巨头的打算，于2010年3月将旗下投资数十亿元的多晶硅项目剥离出上市公司，踏上了更为谨慎的回归之路。

近年来，世界著名大公司也不断传来"退出"的信息：

西门子公司忍痛卖掉彩电生产线；飞利浦出让生产大家电的子公司，百事可乐为集中精力打败对手，不得不放弃饭店和快餐业。

难怪世界管理大师大前研一如此告诫企业界："专注是赚钱的唯一途径……进入一个行业，专业化，然后全球化，这才是赚钱的唯一途径。"

紧抓不放，不如做个甩手掌柜

明主好要，暗主好详。主好要则百事详，主好详则百事荒。

《魏氏春秋》记载：诸葛亮第六次出祁山时，派人到魏营下战书。司马懿问下战书的蜀使："诸葛亮饮食起居如何？"信使说："丞相起得早，睡得晚。处罚20棍以上的事都亲自处理，说得多，吃得少。"司马听说后大笑说："诸葛亮食少事多，能活多久？"不久，诸葛亮率军亲征，身死五丈原。

杰克·韦尔奇也说："管得少就是管得好。"如果领导人淹没于细节当中，就会见树不见林，失去对整体的把握，部下也缺少主动性和创造性。

好利来总裁罗红在创业之初，凡事都亲力亲为——雕花师傅想换个花型要签字；哪块玻璃脏了，自己拿抹布去擦；有苍蝇飞过，拿起拍子就去拍，恨不得一天 24 小时泡在店里，哪个地方看不到就不放心。

　　企业小了好说，但当开到第 200 家店时，罗红就顾不过来了，一旦食品安全出现问题，对企业来说就很致命。这时，他的危机感陡然上升——发现自己不具备管理 200 多家店食品安全的能力。

　　后来，罗红去美国参观学习时，得到美国著名的奶油大王维益公司老板的指点："一个人最多只能管七个人，要学会授权"，"一个成功的企业老板不是看他个人能做多少事，而是看他能不能带领团队做事"。

　　美国之行回来后，罗红开始四处招兵买马。1999 年，罗红从外面引进了一位"空降兵"，结果这位新任总经理不了解公司情况，采取了一些过于激进的措施，引起了原有管理团队的强烈不满，把整个企业弄得人心惶惶，很多副总都找他要说法。

　　此后，罗红提出"分邦而治"——把好利来全国市场分为 6 个大区，让副总们退出集团管理层，各领导一个大区，并持有大区股份，行使自己大区内的一切生杀大权，积极性自然高涨。

　　就在 2006 年，就是罗红离开一线管理的那一年，好利来销售收入由 2005 年的 12 亿元增加到 16 亿元。一年后，好利来门店接近翻番，超过 600 家。

在这个过程中，罗红发现自己的角色也在蜕变。以前他是个救火队员，现在却"把自己定位成一位旁观的导师，助力于当前的管理团队来提升好利来"。

如今的罗红，既是一位成功的企业家，又是一位骑马走天下的摄影大师。放手让手下替自己操心，这是最让同行艳羡的地方，也是他在镜头下学会的取舍智慧。

走进罗红的办公室，跃入眼帘的不是文件，而是他的潇洒照片：骑着马飞奔的，开着越野车溅起水花四射的。最大的一张是夕阳西下，他一袭黑衣、戴着西部牛仔帽，潇洒地倚在越野车上，向远方眺望。

放权与集权，信任与存疑，永远是任何一家企业难以回避的问题。很多老板之所以事事亲力亲为，放着贤才不用，担心属下功高震主、另起炉灶恐怕是一个重要原因。

对此，罗红是这么考虑的：企业就像个孩子，把他拉扯大，他翅膀硬了，就让他自己去飞、去闯。没有父母希望一辈子把孩子牢牢控制在手里。作为企业的创始人，也要放开心态，不要有太强的控制欲。至于功高震主，罗红倒是盼望早一天到来，那只能说明自己是一个优秀的伯乐，也说明接班人确实没有辜负他。

在离开企业当甩手掌柜的 4 年里，罗红每月必看品控报表，而公司财务报表他只是一年看一次，甚至看都不看，只听汇报。因为他非常清楚，一旦食品安全出问题，等待企业的只有死亡，用他的话说就是"放得很远，又能收得很紧"。

其实，放权并非好利来掌门人的独家发明，此前尼桑、雅玛哈、索尼、本田、欧姆龙和松下等国际大企业，早已经把战略和运营责任下放到了每一个市场，总部只保留企业服务和资源分配的功能。

诚如彼得·德鲁克所说，最打击员工士气的事情莫过于，管理者像无头苍蝇般瞎忙时，却让员工闲在那里无所事事。所以要去授权、去欣赏并信任他人，放手让手下有更多的自由发挥自己的潜能。

如此来看，丢掉那些越走越累的包袱，做个"甩手掌柜"，不正是智慧的选择吗？

找准一口井，坚持挖到底

事情的终局强如事情的起头；存心忍耐的，胜过居心骄傲的。

人生需要明智的选择，但选好之后，还要耐得住、熬得住。

　　有位成功女企业家对创业者讲了这么一个故事：大学毕业的时候，她和身边的所有同学站在同一起跑线上，谁也不比谁特殊，谁也不比谁聪明，但是"10年前，在我理性地抉择了挖井地点后，就未曾变动过，未曾动摇过，不管遇到石头还是遇到树根，我都勇敢地挖了下去。用10年的时间，我拥有了一口可以源源不断出水的井。"

　　而再看身边的同学，他们左顾右盼，东张西望，挖了一个坑，一遇到障碍就侥幸再换一个地方挖，结果10年过去了，他们挖了10个坑，依然没有成功。对于一个挖井人来说，这10年正好是他们人生的夏天，是最有力量和创造性的10年，可是他们却从一个坑跳到另一个坑，一直没有水喝。

　　后来她总结说，选择"挖井"地点时，需要慎思明辨，但是一旦选好之后，就必须咬紧牙关，义无反顾地"挖"下去。如果这山望着那山高，一会儿想干这个，一会儿想干那个，忙忙碌碌，光阴很快就过去了，最终只会一事无成。

　　实际上，坚持是件很枯燥的事情。漫长的等待和煎熬，对人性本身就是一种折磨。尤其是在寒冬季节，更是考验一个人的定力。心太花的人，就像猴子掰玉米，耐不住寂寞，看到别人赚钱就眼热，很难挺得过寒冬。

　　2000年，在互联网"最冷的冬天"里，纳斯达克股市一泻千里，尽管许多企业竭力保命，但还是"冻死"了不少。昔日比阿里巴巴还要风光的电子商务网站都灰飞烟灭，但是马云坚信，电子商务是大势所趋。既然认准下面有水，就坚持往下挖，一定会有挖出水的时候。这样的信念，使他一直坚守在这个寒冬里。

"那个时候，我们把街上会走路的都招过来了，只要不是太瘸我们都要。但是（后来）'聪明人'都离开了。他们离开公司去创业，真正成功的也没几个，倒是一直留在公司没地方去的那些'不聪明'的人，随着互联网的迅猛发展，收入越来越高。"马云回忆说。

互联网是一个烧钱的行业，作为草根创业者，资金是硬伤。那时，马云最常说的一个词是"活着"。他希望员工能够熬下去，等待"春天"的到来。他为阿里巴巴设定的目标是"只赚1元钱"。最终，就好像龟兔赛跑中的那只乌龟，未必跑得快，但因为熬得住，所以笑到了最后。2002年年底，阿里巴巴不仅奇迹般地活了下来，并且还实现了盈利。

在现实中，人们常常禁不住朋友的鼓动和利益的诱惑，今天去炒股，明天去炒黄金、炒外汇甚至炒期货，如同飘忽不定的云彩，结果辛苦一年，"处处找水没水喝"。说到底，就是缺乏一种定力。在一个投机气氛浓厚的市场中，能够长期忍受寂寞的人不多，但"浮华过后，真金始现"。

以巴菲特为例，在一个相对短的时期内，他也许并不是最出色的，但从长期看，却比市场平均表现好。从巴菲特的赢利记录中可以看到，他的资产总是呈现平稳增长，而甚少出现暴涨的情况。1968 年，巴菲特创下了 58.9% 年收益率的最高纪录，也是在这一年，巴菲特感到极为不安而隐退了。

这里无意于宣扬投资理念，而意在佐证"坚持"的威力。就像有位名人所说的那样，定力有多大，所能承载的财富重量就有多大。播种下真正的种子，要耐心等它发芽、开花、结果，而不是今天播下种子，明天就急着收成。

畅销书作家当年明月成名前，只是一名小公务员，出生在一个平凡的家庭，学习成绩不好也不坏，无任何特长，一直被老师、同学甚至父母视为资质平庸、将来不可能有多大出息的男孩。但他唯一与众不同的地方，就是对历史的痴迷。只要一有空，他就会一头扎进书堆里，与各朝各代的历史人物交友为伴。

为了心无旁骛地写"好看的历史"，一个 27 岁的年轻人放弃了下班后几乎所有的娱乐，把自己关在狭窄的房间里，独自埋首于艰涩的史料中，在那些刀光剑影、富贵浮云的历史往事中奋笔疾书，直到有一天，《明朝那些事儿》让他声名鹊起。

后来，有人询问他成功的秘诀，他调侃道："比我有才华的人，没有我努力；比我努力的人，没有我有才华；既比我有才华又比我努力的人，没有我能熬！"

可见，成功是熬出来的，只要"任尔东南西北风，我自岿然不动"，必定会有拨云见日的那一天。

第 10 章

淡定成就富足，执拗助长穷困

不管你赚多少，财富终归是要换手的。如此，倒不如对财富保有一种敬畏之心，在繁华热闹中，冷对云卷云舒，笑看潮起潮落，是何等快意洒脱的境界。

想赚钱就要把钱看轻

世界上最愚蠢的人，就是自以为聪明的人；同样，最想发财的人，往往也发不了财。

人最初创业的动力，多来自于一股子致富冲动，但走到后来终会发现，金钱能够带来一时的满足，却不足以成为可持续发展的动力。

在《创造生活——预约成功的 12 堂课》一书中，记录了一项追踪 1 500 名商学院毕业生事业发展情况的调查结果。当这些学生毕业时，有 1 245 人把赚很多钱作为首要目标，其余 255 人决心从事自己喜欢的工作，并希望从中也能赚钱。结果，在这 255 名毕业生中，有 100 名成为百万富翁，而在 1 245 人中，仅产生了一位百万富翁。

可见，赚钱只是做事的结果，而不应成为做事的目标。而且事实证明，如果一个人对钱的欲望超过了做事本身，则很容易陷入失败的泥淖。

曾经一度，"利润最大化"是江南春孜孜以求的目标。彼时的他，声名远扬，身价以亿计，所执掌的分众传媒仅成立两年就登陆美国纳斯达克，股价一路狂飙。

歌舞升平之下，"对高市盈率的眼红"，促使江南春踏上了大兴收购之路。当时百度和分众同期上市，而百度利润不到分众的一半，市值却是分众的两倍，这不免让江南春感到不平。2005～2007年，"就像青春期的躁动"一样，他策动了一系列并购案。当时属下最常听到这位年轻老总的口头禅是："约他们谈谈价钱。"

经过一连串眼花缭乱的并购，分众进入快速成长期，一举垄断了楼宇视频和电梯广告市场的业务，一举博得资本市场的垂青，股价一度攀上了60美元的高峰值。

然而，在糖水里没泡多久，分众就遇上了麻烦。先出事的是分众无线。2008年3·15晚会曝光垃圾短信，直接导致分众无线业务关停。紧接着，分众投入1.68亿美元收购的玺诚也成了重灾区。当年11月，玺诚因业绩不佳宣布重组，江南春被迫一次性为重组支出约2亿美元，却也回天乏力，到了年底，无奈只得宣布"玺诚不要了"。随着2008年金融危机的全面爆发，分众从云端坠落人间，股价跌到不到5美元。

浮华散去，江南春拷问内心，开始思考企业的价值观。究竟做企业的目的是什么？是追求市值的最大化，还是为了创新以满足消费者的需求？除了对金融危机应对失利，分众的问题到底出在哪里？经历了这场浮沉，"客户第一，赚钱只是顺便"这一朴素的真理，江南春终于了悟。从浮躁中平静下来的他，开始引领分众回到"原点"，从客户出发，从产品出发，回归业务的根本，不久分众东山再起。

所以，新加坡纸业大王黄福华常常告诫年轻人："年轻人要成长得快，要看他是选择路还是选择钱。如果你看的只是钱的话，拣的可能只是眼前的几个小钱，而如果看的是路的话，可能眼前的路会崎岖，但后来一定会成为一条黄金之路。"

格莱恩·布兰德是美国最大的人寿保险销售组织创始人，他的成功被称作是美国保险业史上的一个奇迹。在自传《一生的计划》中，他如此写道：

在我从事推销工作的时候，发现金钱的目标根本不能激发我出去推销。金钱足以激发我希望生活得自在舒适，并能付清账单，但还不足以让我走得更远一点，例如一年收入达到几十万美元。因为我不能只以金钱作为动力，我必须建立生活中远大的、有价值的目标，而不是每天出去推销挣钱。于是我制定了远大的、有价值的目标并且计划去帮助别人。每一个目标都产生一个我得挣更多钱来实现的需要。只有卑微的心灵才会只以"销售额"为动力，高尚的心灵应该被更远、更有价值的目标激励。一旦目标建立起来，销售就成了被用来把它变成现实的工具。所以如果你不以金钱为动力，设定一个需要用金钱来实现的目标，它将会激发你取得高度的成功。

格莱恩·布兰德所写的这本书，使全球超过100万人，无论他们的行业背景如何，都因为这本书而使自己的人生得到了极大的转变。

事实上，许多伟大的公司都不以利润最大化为目标。比如苹果公司和一些世界500强公司都始于一个崇高目标——做有意义的事情，而赚大钱只是随之而来的结果。苹果公司的目标是帮助人们更有创造性，创造更多的财富，这个令人激动的目标把苹果公司的员工团结在一起，怀揣着这样的信念并肩作战，每周工作90小时，最终创造出了巨大的财富。

有人也许会问，现在大家不是都在讲，想赚钱的人一定要有企图心吗？其实，如果一个人工作的动力只是为了钱，宁可死守着无所作为的高薪职业，也不愿去冒险追求自己的兴趣领域，那么任何努力都会变成乏味的例行公事，最终得到的也很有限。

看来，除非先改变对财富的态度，才能改变自己的财富命运。

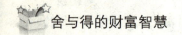

成功的秘诀为不贪

> 贪财是万恶之根，有人贪恋钱财，就被诱离了
> 真道，用许多愁苦把自己刺透了。

王石说自己成功的秘诀是"不贪"。这所谓的"不贪"有两种解释：一是多数地产公司追求暴利，百分之二三十的利润还嫌赚得少，他则相反，超过百分之十不做；二是不少上市公司掌门人化公为私，穷庙富方丈，他却满足于几十万元年薪，一直恪守自己的底线：不犯侵吞国有资产或国有资产流失的错误和不犯贪污、行贿受贿等经济上的错误。

有道是，金钱是人心的试验石。人若在钱财面前站立得住，则会保护自己免于掉入无端的祸坑。

有这样一个真实的故事：在第二次世界大战中，有两位女士幸运地逃离了希特勒的魔爪。其中一位讲到自己的经历时说：

"我是在波兰出生和长大的，在11个弟兄姐妹中间，只有我逃生了——全家男女老少都死了。我父亲的所有十几个兄弟姐妹也没有一个幸免于难。1934年，我就对希特勒有一种很奇怪的不祥感觉。那时波兰还没有发生什么事。一切都是在德国和德国南部进行的，但是我却有这种很不安的感觉。我一直不断地和我丈夫商量这件事，直到最后我们于1934年离开波兰到乌克兰去。1938年，波兰被德国占领，但是我们在乌克兰却很安全。接着在1939年，我们又有一种不祥的感觉，于是我们离开乌克兰，前往西伯利亚，除了我们身上穿的衣服，什么也没有拿。结果是1939年德军以闪电战攻占了乌克兰，导致乌克兰上百万当地犹太人死亡，而我和我的丈夫却逃生了。"

其实，救了她性命的不是预感，只因为她不贪财，性命才得以保全。贪心固然是人性的弱点。尤其在今天的时代，很多人以钱财作为生活的重心，使这一人性弱点越发凸显。有人觉得贪心没什么，只要不付诸行动就好了，岂不知有想法就会有行动，往往一点点的小贪心，就会引发出许多罪恶来。

按说在商言商，无可厚非，但如果爱得过了头，起了贪心，就可能节外生枝，引发出一些祸事来。

1999年，一条新闻轰动企业界：红塔集团董事长褚时健因为贪污174万美元被处无期徒刑。这本来是一桩很寻常的经济犯罪案，但却掀起了轩然大波。从企业界到媒体，很多人对他表示同情，甚至至今仍有人为他鸣冤。

人们普遍认为，他的贡献与所得落差巨大，纵然贪心，纵然晚节不保，也是可以原谅的。事实上，促使褚时健辉煌的人生轨迹偏离正路，跌了这最惨最痛的一跤，就是由不平衡的心态开始的。

作为云南红塔集团的一把手，褚时健在 18 年的时间里，带领团队将一个陷入亏损的小烟厂打造成亚洲最大的烟厂，为国家创造利税 991 亿元，几乎占云南全省财政收入的一半，是全国第二大纳税大户。

那是他一生最顺当的时刻。玉溪烟厂生产的红塔山、玉溪、红梅牌香烟在全国供不应求。不管去哪里，他都是各省省委书记、省长的座上宾，政治肯定和舆论美誉如潮水般包围着他。

然而，随着个人的功劳和名望越来越大，身处财富漩涡的褚时健心里开始失去平衡。他对采访自己的记者说："上级规定企业厂长可拿工人奖励的 1 ~ 3 倍，但实际上，我们厂的领导层一直只拿工人奖励的平均数。就我个人而言，十年前的工资是 92 元，奖金是当时全厂最高的 6 元，再加上其他的，月收入总共才 110 元。十年后的今天，厂子搞好了，我现在月收入有 480 多元，加上一些奖项；总共可达到 1 000 元。"其心态，一目了然。

1990 年以后，云南省每年给褚时健几万元的奖励，1995 年，这种奖励达到了 20 万元。

就在 1995 年 7 月新总裁来接替自己时，褚时健开始私下打起了算盘："我也辛苦了一辈子，不能就这样交签字权，我得为自己的将来想想，不能白干。"于是，他采取了极端而又悔之莫及的行动——决定和部下私分了300多万美元，自己分得174万美元。他对部下罗以军说："够了，这辈子都吃不完了。"也就是在第二年，他唯一的女儿褚映群在狱中自杀。

2002年，晚年的褚时健因病保外就医，在云南哀牢山下承包了2 000余亩橙园，种起了冰糖橙，以八十多岁高龄重新书写人生。而回首那段身陷囹圄的日子，他"不停地喝水，长时间地停顿，眼睛发红，嘴角蠕动"……

真富贵就是内心的平静快乐

你们要谨慎，远离一切的贪心，因为人的生命
不在于家道丰富。

对金钱的担忧可能是人们生活中最常见的问题。《金钱的灵魂》的作者提斯特在亚彻人中间生活了一段时间后惊讶地发现：亚彻人在热带雨林地区过着富足的生活，从不需要任何货币。后来，她带了一位亚彻朋友返回美国。

两人生活了一段时间后，提斯特意识到：与亚彻人相比，

文明社会中的人们拥有多么强烈的金钱意识。人们常常以金钱的多少来判断人的价值，一旦财产缩水或者破产，顿时内心失去依靠，甚至濒临崩溃。

1922 年，美国最财雄势大的一群人在芝加哥边湾海滩酒店聚会。他们中有全球最大钢铁公司的总裁、最大公用事业的董事会主席、纽约证券交易所的主席、美国总统的一位阁员、国际开拓银行总裁、华尔街最大贸易商，还有某项世界最大垄断事业的主持人。这些人所拥有的财富加起来，比美国财政部的还要多。

26 年后，有人做了追踪，结果惊讶地发现：钢铁公司总裁席瓦勃最后几年借债维生，死时一文不名；小麦市场最大投机商加顿破产，死于异邦；纽约交易所主席费狄尼服刑辛辛那狄监狱；总统阁员富尔入狱多年后获总统特赦，死在家中。有"华尔街之熊"之称的李文摩尔、国际开拓银行总裁佛兰兹、世界最大垄断事业主持人克鲁格都自杀身亡！

如果人们把安全感建立在金钱之上，就会发现，股市瞬间起伏，一场重灾、突如其来的灾祸，都会使这种安全感化为乌有。事实上，钱财本身不是问题，钱财在人们心目中的地位才是问题。尽管这些超级富豪财大气粗，气势逼人，内心却不堪一击，皆因他们缺乏一样金钱以外的东西——强大的内心。

这并不只是几个特例而已。有人对国内 2003 年以来公

◈ 在繁华热闹中，冷对云卷云舒，笑看潮起潮落

开报道出现的亿万富豪进行追踪，发现 8 年中有 72 名亿万富翁死亡，且多数死于非命。调查显示，这些企业家的内心世界极为孤独，缺少安全感，在压力和挫折面前很容易走向崩溃。

有意思的是，2011 年 7 月，有几名富豪打算给自己开"追悼会"，其中就有刘永好、马云、冯仑等行业内的"大佬"级人物。这说明在财富之外，企业家们开始思索死亡、生命的价值与意义。

实际上，物质上的富有可以满足感官的享受，却无法解决人内心的问题，更无法使人在生活风浪的冲击下保有内心的淡定与从容。倚靠无定的钱财来证明个人的价值，是虚空中的虚空！如果只有财富而没有内心的富有，就算再多的财富也不会享受到真正的快乐。

早年，李嘉诚也是金钱的崇拜者。因为从小目睹父亲从受人尊敬的小学校长，落魄为寄人篱下的小职员，李嘉诚发誓要成为有钱人。

28 岁那年，在创业后 6 年，李嘉诚终于如愿跻身百万富豪的行列。他充分享受了金钱所带来的种种快感——身穿来自裁缝名家之手的西装，手戴百达翡丽高级腕表，开名车，玩游艇。他开始尝试种种上流社会的玩意儿，并在列提顿道半山腰买了面积近 200 平方米的新宅，将母亲接来同住。新宅面向维多利亚港，与当时一般香港人的住房比较，这已经算是"豪宅"了。

但是，搬进豪宅的当夜，李嘉诚辗转反侧，难以入眠。

十几年前，一家人在夜色掩护下从潮州山区仓皇逃难的情景仍然历历在目。到港两年后，父亲病逝。为了养活母亲和三个弟妹，14 岁的他被迫辍学谋生，当上了茶楼小伙计，然后是艰辛的创业，以厂为家……

"还不到 30 岁，我就拥有足够我一生开销的钱。"变成富翁后，他却茫然，"为什么有钱不如我想象的那么快乐？"望着窗外，他问自己。难道自己多年来所追寻的不就是这个吗？

隔天，他终于悟出："如果是金钱的财富，你今天可能涨，明天又可能掉下去。但你帮助了人家，这个是真财富，任何人都拿不走。"

从那以后，李嘉诚转而探索内心的富贵。李嘉诚基金会成立于1980 年，基金来自他的私人捐款。从此，慈善事业就变成他生命中很重要的一部分。

从那时起，李嘉诚体验到了一生中从未体验过的快乐，一种超越的快乐。他豁然开朗：内心的富贵才是真富贵。

反观华人圈乃至世界，能经得起时间考验的，从邵逸夫到比尔·盖茨等人，无一不是在拥有物质财富的同时，寻求更高的精神境界，以爱心奉献社会为己任。

享受人生，不要被钱所累

　　凡事我都可行，但不都有益处；凡事我都可行，但无论哪一件，我总不受它的辖制。

　　洛克菲勒曾告诫人们："没有比为了赚钱而赚钱的人更可怜、更可鄙的。我懂得赚钱之道，即要让金钱当我的奴隶，而不能让我当金钱的奴隶。我就是这样做的。"

　　被金钱绑架的人，生活是什么光景呢？龚如心的一生最能说明问题。2006 年 3 月，这位港台富婆以 300 亿港元身家，被美国《福布斯》杂志封为"亚洲最富有的女人"，比英国女王还要富有 7 倍，可是财富却拖累了她的一生。

　　在丈夫王德辉被绑票后，龚如心与公公王廷歆展开了一场长达九年的争产官司，堪称香港历史上历时最长、诉讼费最高的民事案，虽然龚如心先输两场，最后"戏剧性"地击倒王廷歆，反败为胜，重夺 400 元亿家产，但她也由此彻底失去了王家的亲人。龚如心坦言，这 9 年间她没有一天是真正快乐的。

　　最离谱的是，龚如心一生为金钱奔忙，赚得过亿身家，居然死于"舍不得花钱"看病。她明知罹患癌症，竟然嫌医疗费用昂贵而不去检查，痛到难过的时候，也不过"用个暖水袋就应付过去了"。结果等到发现是卵巢癌晚期时，已经是欲救无门了，最终撒手而去，留下了约400亿港元的巨额家产，以至于龚如心的好朋友、澳门赌王何鸿燊感慨道："她工作勤力，可惜太节俭，不舍得花钱，所以我找人捐钱不会找她。她把钱看得很重要，大家做好朋友就算啦！"

"世人行动实系幻影。他们忙乱，真是枉然。积蓄财宝，不知将来有谁收取。"这是香港高等法院法官任懿君在龚如心与公司的争财产官司判辞中所引述的句子。再回首，竟是如此准确地概括了龚如心的一生！

可见，金钱是祝福，也是祸害。不但富人会被金钱毁了，穷人也一样。因为他们心存贪婪，嫉妒富人。近些年因仇富而杀人入狱的新闻屡见报端。

中国历来有许多有关金钱的错误教导，比如："人为财死，鸟为食亡"、"千里去做官，为了吃喝穿"等，都是教导人拜金的。虽也有"冰清玉洁"、"富贵不能淫"的教导，也不过是士大夫的自命清高而已。

如果一个人落入这样的思维陷阱，就会被金钱奴役，处心积虑地赚取和积蓄财产，即使银行存款很多，一样担惊受怕，无法享受生活的乐趣。

其实，可怕的不是金钱，而是人心。成为钱奴的人，即使拥有很多钱，仍然会忧虑，因为他是奴仆！奴仆努力工作，是因为恐惧追赶着他们。因此西方有句名言说：金钱是个很好的奴仆，却是个很糟糕的主人。

美国著名的棒球明星达里尔·斯多伯里十几岁就被选入几个最重要的棒球俱乐部，每年赚200万～500万美元的薪水。此外一年还有几百万美元的广告费、出经费、演讲费、签名费等等。不到40岁，他就赚进了上亿美元。

按说他应该衣食无忧了吧？可媒体报道的事实是："斯多伯里没有收入或积蓄养活他现在的妻子卡罗西和他们的三个孩子。"钱全被他花光了，用于购买豪宅、名贵跑车、支付昂贵的律师费、昂贵的离婚费、毒品费和酗酒康复费！

所以，如果不懂得明智地使用金钱的话，再多的钱也不会解决问题。就像那些蹬着小铁笼子不停转圈的小老鼠，小毛腿蹬得飞快，小铁笼也转得飞快，可到天亮依然困在老鼠笼里。

但主人就不同了，即便富甲天下，也绝不会被财富掌控，更不把安全感建立在金钱上。最重要的是，他们懂得享受生活。比如世界级投资大师吉姆·罗杰斯，他5岁起在棒球场捡空瓶挣钱，靠奖学金念完耶鲁大学。1968年他带着600美元的全部家当闯进华尔街，之后他与金融炒家索罗斯共同创设闻名全球的量子基金，在投资领域大有斩获，1980年就以"可以花好几辈子的钱"从华尔街退休，当时他不过37岁。

与此同时，罗杰斯陶醉在环球旅行中乐此不疲。他曾经两度环游世界，写成《投资骑士》，三次横穿中国，骑摩托车跋涉 10 万公里，到过 116 个国家。沿途所到之处，他都会自找乐趣，让自己放松一下，和当地政府官员、企业家、普通百姓聊天，买股票、换外汇，悠哉悠哉，不亦乐乎。

和气生财，生气漏财

> 不轻易发怒的，胜过勇士；治服己心的，强如取城。

中国人最讲究"和"，所谓"和气生财"是人所共知的商业信条。和气的人，不任性暴怒，不意气用事，得饶人处且饶人，往往能够在纷争中以柔克刚、吃亏制怒，成为最大赢家。

在《韦尔奇自传》中，这位全世界的楷模把成功归功于"和"："官僚作风经常使我感到气馁的时候，我会采取一种回避的态度，而不是公开的批评——特别是不针对那些位高权重的人……为了实现我的梦想，我就不能让运转中的'风车'发生倾斜。如果我抱怨这个体制，我就会被这个体制拿下。"

按理说，韦尔奇应是绝顶聪明之人，但在无法忍受的人或事物面前，他还是选择了克制忍耐的态度，因为他知道，生气不是智慧的代名词，而是愚昧的代名词。

无独有偶，新加坡纸业大王黄福华，把自己的经营心得集结成书，让众多海内外人士受益，被誉为"商界的无冕教授"，其中有一句广为人知的座右铭为"快快地听，慢慢地说，慢慢地动怒"。

"快快地听"，是在与人交谈时，要尽量快地倾听对方说的话，不要随意打断对方，一方面是尊重对方，另一方面是可以让自己不会听错对方想要表达的意思，这样才能与人用心交流。

"慢慢地说"，就是要放慢说话的速度，速度放慢的好处确实有很多，首先，尽可能让对方听清楚讲话的内容，条理性也会随之增强，让对方很容易理解我们想要表达的内容。其次，会避免许多可能犯忌的机会，对提高我们的情商也是很有帮助的。

"慢慢地动怒"，就是当我们想发脾气的时候，先忍一下，而不是立刻暴跳如雷，也许，过一段时间后，那种愤怒也就自然消失了。

黄福华把这13个字印在了公司名片的背面，时刻作为他为人处世的准则之一，这不仅鞭策了他自己，也影响了很多周围的人。一位印刷店的老板在帮他印制名片时，看到了这13个字，触动非常大。原来他总是对下属发脾气，可看了这句话之后，他立即开了公司大会，向大家道歉。为了表示感谢，老板还免了黄福华所有名片的印刷费。

由此可见，和气的确可以生财。我们常常会因为一些微不足道的小事就怒从心起，闹得不可收拾，把双方多年积累的情谊烧毁干干净净。在商界这样的例子也不鲜见。

比如凌志军在《联想风云》一书中所披露的："柳传志和倪光南分道扬镳是由一桩小事开始的。"

"事情起因于为倪光南开车的司机侯海滨连续发生四起交通事故，柳传志责令车队为倪光南更换司机。有一天车队队长王威在同事中说，倪光南的夫人赵明漪曾找到公司办公室主任，抱怨'小侯给倪总开车不安全'。倪光南得知此事后异常愤怒。他认定王威'完全是捏造'，联系到自己和公司其他领导的矛盾，又认为这一事件背后一定大有文章，于是写了一封长信，直接送'李总并总裁室成员'、'呈报董事长'，同时又给柳传志本人发传真。"

那是在1994年，刚刚摆脱"美尼尔征"侵扰的柳传志，立刻敏感起来，直觉地写了一封信来反驳，并且心里认定"倪光南开始找茬了"。显然他也被触动了怒气。

此后，随着事态的进一步发展，柳传志坦率地承认，他已经为两人之间的不能理解而痛苦万状，但是到了最后，"我的痛苦就转成了无可名状的愤怒"。

后来的结局是这对亲密搭档都不曾想到的——因着一个细小的嫌隙，双方被怒气淹没，一步步演变成难以逾越的鸿沟，争吵持续到了 1995 年，最终两人走向了决裂境地。

多年以后，谈起两人之间的纠纷，柳传志还会想到那场"司机风波"："如果那次没有闹僵，我劝他，没准儿还是可以的。闹僵以后就完了。"

这提醒我们，一场争端，如果当事人用平和的心态和方法来解决，大家坐到一起，沏来上一壶茶，"快快地听，慢慢地说，慢慢地动怒"，误解与隔阂也不会演变到不可收拾的地步。

但经历过"阶段斗争"洗礼的国人，显然不精通此道。正如凌志军所评论的，其实这正应了我们传统文化中的一个经典特征：中国人已经习惯于"与人奋斗"的逻辑，又经阶级斗争岁月的洗礼，所以特别善于在人事纠葛的细微之处发生无穷的联想，一个人的一言一行、一笑一颦，都有可能包含巨大的意义。

生活在大千世界中，生气的事情是免不了的，很多人都觉得有理由生气。问题在于，生气不但破坏人际关系，而且危害健康，甚至还会危及生命。

新版电视剧《三国》中，鲁肃为劝阻周瑜强夺荆州，曾演绎过这样一段台词："当愤怒到达不可控制的地步，往往容易伤害自身。"

诚如此言，从古至今，那些脾气怪僻或是暴躁之人，往往不能善终，而早早赔上了自己的性命。张飞、程咬金、李逵等，常常惹是生非，动手打人，最终自己也被人所害。周瑜心胸狭窄、气量极小，36岁就被诸葛亮三气而死。

不得不承认，生气、和气，一字之差，结果差之千里。

有一种"高级贫穷"

蚂蚁没有元帅，没有官长，没有君王，尚且在夏天预备食物，在收割时聚敛粮食。

当今社会，媒体和商家总是不断蛊惑人们：你需要一部更华丽的车、更大的房子、更性感的香奈儿香水、海边别墅，你需要周游世界，你需要拥有最新的流行商品、时尚和奢侈品……于是，超前消费、借钱享受成为年轻时尚族追赶的潮流。他们外表光鲜，房车俱备，其实身背巨债，苦不堪言。

有人曾问巴菲特应如何理财，他说："如果18岁或者20岁时就借了钱，那我可能已经破产了。"这位世界首富把陷入财务麻烦者分为三类：一是失业者，二是患有严重疾病者，三是因信用卡透支而欠下重债者。所以他建议年轻人应该尽量少用信用卡，因为当前利率较高，学生更容易陷入信用债务之中。

现实也是如此，无论是富国、富人、富企业，高负债都会带来致命的后果。1994 年的墨西哥金融危机、1997 年的东南亚金融危机、1998 年的俄罗斯债务危机、2008 年的美国次贷危机、2011 年频繁扰人的欧债危机等等，没有哪一次不是源于高负债！多少企业就是这么崩溃的。

2009 年 12 月，"亿万富姐"吴英案一夜间传遍大街小巷。一个从农村走出来的小姑娘吴英，以小本创业开美容店起家，短短几年资产过亿，登上胡润百富榜，名列第 68 位，缔造了"最年轻女富豪"的创富神话。然而，随着案件的深入，"吴英神话"破灭了！支撑如此超速扩张的资金，竟然几乎全部来自民间高利贷。

同样曾经因集资问题而入狱的企业家孙大午谈起此事，有一段清醒的反思："我是真实的亿万富翁，而她不是。我和她不同的是，她的企业是膨胀的，我搞了 18 年才搞到亿万资产，是一步一步地发展起来的。我举债的同时，企业有很强的偿还能力。她借的是高利贷，我不是，也就没有这种压力。"

这就是为什么跌倒后再爬起来的史玉柱，一再强调"零负债"理论，称"在零负债的同时拥有大量现金，可以安心应对经济危机"。当年所遭遇的切肤之痛，至今让他刻骨铭心。在巨人岌岌可危时，其实只需要 1 000 万元资金就可以运转起来。然而，这在当时却成了一个遥不可及的梦。因此，从 2010 年第一季度开始，巨人集团一直都在小心翼翼地保持着 50 亿元人民币以上的流动资产，这些流动资产 90% 都是现金及短期投资。

当然，也有人认为，"史一向以零负债为荣，以不求银行自傲。在巨人营销最辉煌的时期，每月市场回款可达 3 000 万～5 000 万元，最高曾突破 7 000 万元，以如此高额的营业额和流动额，他完全可以陆续申请流动资金贷款，并逐渐转化为在建项目的分段抵押贷款，用这笔钱来盖巨人大厦。可是史玉柱却始终拒绝走这步棋，而是一味指望用保健品的利润积累来盖大厦，这无疑是造成巨人突发财务危机的致命原因"。然而，不可否认的是，财经作家吴晓波在《大败局》中的失败商人，迄今为止，几乎都没有实现王者归来。只有一个例外，那就是重归谨慎并重视现金流的史玉柱。

所以，当面对几亿、几十亿乃至上百亿元的资产时，公司领军人物保持审慎和节制是极为重要的。

拿苹果公司来说，尽管它坐拥巨额的现金储备，却一直紧紧捂住口袋，没有进行过重大的并购或者分红，并因保守的态度一再遭到人们诟病。

然而乔布斯却始终坚持认为："当你尝试冒险时，那种感觉就像是跳跃在半空中，只有当你的双脚最终着地时才能够放下心来。我们之所以采取从财务角度来看是比较保守的企业运作模式，是因为人们永远无法预见到下一个机遇到底何时才能到来……我们非常幸运，因为如果我们想要收购一样东西的时候，可以直接写一张支票，而无须东拼西凑地借钱。"

相比其他 IT 大佬，苹果公司的现金流是最充裕的。与不断举债的美国政府不同，苹果公司几近零负债——除经营中发生的应付账款、应计费用外一分钱债务都没有。在 COO 蒂姆·库克的帮助下，苹果公司大胆关闭了旗下所有的工厂，将所有制造外包，彻底变成一家轻公司。

而与苹果公司形成鲜明对照的是，十年以来，经历了145次收购后的思科，陷入消化不良状态，管理成本大幅增加，公司整体效益下降，市场份额被对手蚕食，股票持续下跌，大批高管离职……不得不大规模裁员。

可见，为明天早做打算，懂得积谷防饥应对近前危机的人，最有胜算成为未来的赢家。

第 11 章

创新就是先舍后得、不舍不得

生命是一连串的舍弃——一个从旧到新的过程。在万物的循环更新中，逆流而上是徒劳无功的。如果旧的一切不能让你在今天顺畅地走下去，就需要果断地舍弃，在对的时间做对的事情。

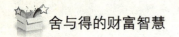

倒空的杯子才能被盛满

　　我只有一件事，就是忘记背后的，努力面前的，向着标杆直跑。

　　在做客《五星夜话》时，国学大师林清玄讲了这么一个故事：

　　有一位学生请教他的老师什么是智慧。老师并没有立即作答，只是让学生坐下，给他倒茶，一会儿茶杯就满了。学生提醒说，老师，茶溢出来了。老师倒掉杯中的茶，续上新的茶水，然后说，当有些东西在满了的时候，就应该倒掉一些，这样，新的东西才能加进来。

　　存储器曾经一度是英特尔的看家产品，为其带来滚滚财源。然而到了1984年，一个可怕的对手出现了——日本厂家以极低的价位切入存储器市场，正像当年英特尔干过的一样。一家日本对手公司的销售人员备忘录如此写道："用定价永远比别人低10%的规则获胜……坚持到底才是胜利！"在如此强大的攻势下，英特尔存储器业务急剧衰退。

　　一年后，英特尔宣布退出存储器市场。这一远见产生于

CEO 安迪·格鲁夫和董事长戈登·摩尔之间的一段有趣对话：两人坐下来，冷静地进行了自我审视，然后格鲁夫问摩尔："如果我们被董事会踢出去了，他们再派一个 CEO 来，你认为他会做什么？"回答是："退出存储芯片业务。"

说真的，放弃存储器这一为英特尔带来无数辉煌的产品，无异于壮士断腕。在英特尔人的心目中，存储器就等同于英特尔，如同一个养育了多年的孩子。但决策层还是摆脱了情感的牵绊，做出了艰难的决定。

三年后，《纽约时报》发表文章称，"令人敬畏的英特尔垄断了属于自己的市场，整个 PC 行业和华尔街都意识到，英特尔控制的是美国利润最丰厚的垄断行业之一"。就在文章发表的这一年，英特尔创下了 28.75 亿美元的营业收入和 4.529 亿美元利润，在全球《财富》500 强榜单上攀升了50 位。

不可否认，放弃旧我使英特尔成为世界上最大的半导体企业，甚至超过了当年曾在存储器业务上打败英特尔的日本公司。

其实，过去曾经有过的辉煌，何尝不像这杯满溢的茶呢？抱住老本不放，就没有地方可容纳新的东西。但老本总有吃尽的那一天，到最后，再辉煌的企业，也会变成明日黄花。

日本最著名的游戏制作公司任天堂就遭遇了这样的境况。从 20 世纪 80 年代起，任天堂就是视频游戏市场当之无愧的老大，在日本乃至全球都拥有至高无上的地位，无论口碑还是业绩都无人能出其右。但由于思想僵化，这家百年老社开始陷入巨大危机。

2010 年，任天堂史上首报财年亏损，这是其创立一个多世纪以来的首次亏损。

任天堂发言人认为，亏损是由于日元升值及 NDS 掌上游戏机降价造成的。而事实是，任天堂在软件开发上一直在"吃老本"。直到今天，其销售量最好的游戏软件还是 20 世纪 90 年代初盛行的"玛丽系列"。而在任天堂后来推出的几款游戏机里，都无一例外地装载了诸如《玛丽扑克牌》《新超级玛丽银河 2》等同类游戏。

企业成功后，就容易患上"自大病"，失去当初创业时的进取心。最终任天堂只能眼睁睁地看着老大宝座被后起之秀索尼取而代之。

同样的情形也发生在摩托罗拉身上。几十年的霸主地位，使它积弊沉疴，失去了最初的活力。正值 GSM 与 CDMA 两种数字标准争夺市场的阶段，也是摩托罗拉在模拟时代的全盛时期，面对众多标准的选择，摩托罗拉底气十足地认为，以自己的实力，选择哪一种技术都差别不大，所以几乎把所有的重心都押在 CDMA 上，却迟迟没有对数码手机采取行动，结果差点被诺基亚和爱立信挤出美国市场。

最终，有着 83 年历史的摩托罗拉被拆分为二，成为摩托

倒空的杯子才能被盛满

罗拉移动和摩托罗拉解决方案两家公司，并在 2011 年被董事会以 125 亿美元的价格卖给谷歌。

回顾往昔，摩托罗拉的前首席执行官痛心地说："我们每一次惨重的失败，都是因为我们曾在某个科技时代太过成功，以致忽略了应该在新的科技时代到来之际迅速更新自己。"

商界犹如激流险滩，不进则退。如果一个组织碰上了令其措手不及的变化，就必须迅速放弃过去很成功的做法，否则这一套成功做法反而会成为绊脚石。

冰心曾经写的一首小诗中云：冠冕，是暂时的光辉，是永远的束缚。从这个意义上说，放弃，未尝不是新生的开始。把成功的包袱丢掉，才能开始新的飞跃。

用新皮袋装新酒

没有人把新酒装在旧皮袋里。若是这样，皮袋就会裂开，酒就漏出来了，连皮袋也坏了。唯独把新酒装在新皮袋里，两样就都保全了。

英国铁路作家诺尔曼·马洛在他的书中提到一次旅行。当时他正坐在从曼彻斯特开往盘散斯的快车里。在那个年代，铁路经常更换不同的火车头做试验。作家坐在司机旁边，听到司机一路不停地抱怨新火车头，不时拿过去驾驶的"堡垒"级车头与之相比。虽然司机早已学会新车头的操作技术，但他坚持用老方式来驾驶，并认为火车开到时速五十英里那是天方夜谭。后来，火车抵达克里威后换上了一位新司机，采用新技术很快就把火车开到了时速八十英里。

这个故事让人看到，除非人愿意改变自己的想法，否则不可能拥有更好的生活。就连驾驶机车这样的小事，人们都会困在固有的模式里，因为旧思想已经生根，甚至深入骨髓。

所以，要做成一件新事，首先要摆脱对老套观念的承袭。就像新酒不宜放在旧皮袋里一样，因新酒性烈，旧皮袋因承受不起就会破裂。如果只是把新东西倒在旧的里面，只做局部的更新与改良，不仅无济于事，反而会带来破坏。

海尔就曾经有过这样的经验教训。2005年，张瑞敏意识到变革的紧迫性，他说："整个家电行业的利润像刀片一样薄，现在再用以前的方法营销、管理今天的市场，根本不可能取得成功。"

说这话的时候，海尔无论是从企业规模、产品结构，还是从营业收入上，都已经跻身国际大企业的行列，但是企业庞大的同时，也带来一系列管理难题。跨部门、跨公司、跨地域之间各个环节上的低效率，严重影响到生产和服务质量的水平。因此，2007年4月，海尔提出"用1 000天实现流程系统创新，完成 2 000 ~ 2 500 个流程的构建"的做法，这就是著名的"1 000 天流程再造"。

"1 000 天流程再造"启动之初，海尔提出要做 SBU（战略事业单位），进行了许多探索，都没有取得成功。起初大家以为问题出在流程建得不好，所以一开始再造以 ERP 为主，列出来要做几千个流程。海尔为此投入很大，不管硬件、软件，只要关于流程的都做，还高薪聘请了国际上一流的咨询公司。但是，流程和市场一对接，销售额一落千丈，有几个月就像瘫痪了一样。

此时，张瑞敏才意识到，流程不是死的，流程由人制定、由人执行，不可能不触动人的利益。况且，这一次的流程再造，与以往不同，"动静很大"，触动了一些人的利益，员工中产生了不少怨气。2008 年年初，海尔 5 位高管辞职，在业界引起震动。即使有再好的新模式，只要旧的业务流程、旧的组织结构、陈旧的思想观念这些旧皮袋存在，都会影响其效果的发挥。

于是，海尔就把流程和人单合一两者结合起来，要有流程，但前提一定是先打造人单合一的文化，使两者相辅相成。后来，海尔提出做"零库存下的即需即供"的商业模式，也就是把组织结构和团队先做起来，再去建立相应的流程。

当年，当全球金融危机席卷而来，很多企业因为库存、应收账款问题而不堪一击时，海尔 2008 年的利润增幅超过了收入增幅的两倍！

但对一个习惯了旧皮袋的组织来说，变革是痛苦的。因满足于现状所导致的惰性，如同温水煮青蛙一样，使人在不知不觉中就被干掉了！

世界胶片之王柯达的没落就是一个惨痛教训。回想当年，这家百年老店曾经是感光界当之无愧的王者，也是世界上第一台数码相机的研发者，地位曾相当于现在的苹果公司。但是因为舍不得丢掉原有胶卷市场的巨大利润，柯达一直不敢大力发展数字业务，在新旧之间犹豫不定，给后来者留下可乘之机，错失了做大做强的机会。到 2000 年时，柯达的数字产品仅占其总收入的 22％。

此后，随着数码相机和智能手机的快速发展，柯达的胶片业务日益萎缩。2000 ~ 2003 年，柯达的销售业绩虽然只有微小波动，但利润下降却十分明显，尤其是影像部门，销售利润从 2000 年的 143 亿美元锐减至 2003 年的 41 亿美元，跌幅达 71％。

2003 年 9 月，柯达正式宣布放弃传统的胶卷业务，重新向新兴的数字产品转移，但已为时晚矣。此后柯达又陆续采取了更换公司标志、抛售专利等自救措施，并通过重组和裁员削减成本，却已经回天乏力，2012 年年初终于走到了退市警告的地步。

事实上，由于对"旧皮袋"过于依赖，柯达错失的不仅仅是数码相机这一新兴产品，还有新的消费习惯和商业模式。遗憾的是，一个绵延 131 年的胶卷帝国就这样结束了。

做一个先知先觉的行动者

不要效法这个世界，只要心意更新而变化。

俗话说：先知三日，富贵十年。在变化的世界中，有人擅长观察环境，如察觉风势有变或天象异常，就会发出预告，未雨绸缪，结果自然高人一筹。这种先知先觉，几乎关乎"生存还是毁灭"。

曾经一度，中国地产界黑马顺驰的急速扩张，让业界人士目瞪口呆。靠着高价的拿地策略，短短一年就迅速变身为全国性企业，并宣称实现了"120 亿元"的销售额。

当时冯仑就站出来分析说，顺驰这么狂飙猛进有几个前提：一是银行信贷政策不严，资本金的门槛较低；二是土地政策较松，地方政府可以允许先上缴一部分订金，然后分期支付土地出让金；三是预售市场持续火爆，政府较少干预；四是一个内在前提，就是企业本身的财务和管理能力能够持续地跟上。否则，只要国家政策有风吹草动，企业就会面临危机。

这一预言不幸应验了。就在顺驰疯狂买地的时候，国家推出严厉的地产调控措施，楼市的冬天骤然来临。在原有扩张模式下，顺驰面临巨大的资金缺口。此时，转型是必然选择。但即使在顺驰55%股份被迫转让给路劲基建后，这个自负的年轻人还是坚称顺驰"不差钱"。

没有坚持太久，顺驰的资金链就陷入崩溃。2007年1月，孙宏斌以低价出售顺驰的惨烈方式宣告了顺驰神话的终结。

所以，全球领导变革之父约翰·科特说，这个世界从来都是先知先觉的人领导后知后觉的人，再开发不知不觉的人。先知先觉者，能在危机到来之前提前嗅知，并迅速采取应变措施。

这方面具有说服力的事例是关于华为任正非的。与英特尔在公司面临着分崩离析时才变革不同，任正非是在公司顺风顺水时发出预警的。2001年3月，正当华为发展势头良好的时候，任正非在企业内刊上发表了一篇《华为的冬天》，警告冬天来临。

接下来发生的互联网泡沫证明他没有看走眼。就在这一个冬天，朗讯裁掉了将近1/2的员工，北电裁了2/3的员工，市场份额大幅下降，当时的世界500强之一马可尼股票降到了6个先令。后来朗讯和马可尼没有熬过一两个冬天，终于坚持不住，分别与阿尔卡特和爱立信进行了并购重组。而与此同时，华为却因为提早采取了应变措施，安然熬过了这一个寒冬。

其实，任正非并非未卜先知的预言家，这要归功于他的灵敏嗅觉，以及反应迅速的行动。2000 年正逢欧美互联网泡沫爆裂，他看到了其中的危机："网络股的暴跌，必将对两三年后的建设预期产生影响，那时制造业就惯性进入了收缩。眼前的繁荣是前几年网络股大涨的惯性结果。记住一句话，'物极必反'，这一场网络设备供应的冬天，也会像它热得人们不理解一样，冷得出奇。没有预见，没有预防，就会冻死。"

2004 年下半年，任正非第二次发出冬天预警。随后到了 2008 年，人们第三次听到任正非发出冬天的警告。2009 年，业界哀声一片，不少通信厂商纷纷下调业绩的预期，而此时的华为却进入了发展的新阶段，2009 年年报显示，华为实现稳健收入增长，全球销售收入 1 491 亿人民币，同比增长 19%，似乎是应该庆功的时刻。

尽管任正非一再发出悲观预言，却没有阻止华为势如破竹的发展势头。从 2000 年到 2007 年的 8 年当中，华为的收入从 152 亿元人民币到 125.6 亿美元，增长迅猛；而在国际市场上，华为已经超越北电网络，成为全球五大电信厂商之一。

创新就要耐得住寂寞

聪明人对新方法、新主意敞开心胸，并且热心寻求。

创新注定是一场孤独的旅程，必须不畏路上的艰险。要想采撷芬芳果实，很多时候需要忍受非议，忍受质疑，甚至忍受中伤，特别是在一个不鼓励创新的环境中。

周鸿祎是世界上第一个吃免费杀毒"螃蟹"的开山人。2006年，他创立奇虎公司。彼时的互联网，传统安全软件仍然是"杀毒软件＋防火墙"的模式，强调技术的先进性，对浏览器插件并不关注。另外，浏览器插件也牵扯到巨大的商业利益，一些清理优化软件也不敢对其下手。而刚刚诞生不久的奇虎，索性拿出初生牛犊不怕虎的劲头，百度、CNNIC、雅虎助手等一大批根深蒂固的插件哗啦啦被清理干净，由此激起了一顿口诛笔伐。

而就在360提出免费杀毒的商业模式时，引来传统杀毒软件厂商们的一片恶评和嘲笑声。有人说360杀毒还免费，一定是忽悠，不仅二百五（傻），还比较二，他们仍然心安理得地继续卖杀毒软件。瑞星在一天之内连发4篇文章，从各个角度阐述"免费没好货"的主题思想，鼓吹"免费杀毒无前途论"，某高层更是用"纯粹的免费不可能存在"、"免费安全没有保障"等言语来攻击免费杀毒。而一年后的2009年，瑞星就已经从行业老大的宝座上跌落下来。

360在成功登陆美国纽交证券交易所后，有一家公司连续发了五六次报告，从各种角度来评估这种创新的免费杀毒商业模式，随后360即遭遇做空机构的打压，但一直以不错的业绩支撑股价，成为2011年上市的中国互联网公司中唯一没有跌破发行价的股票。

到了2011年，奇虎360的营业收入是10亿元，颠覆了这个市场，创造了更大有潜力的市场。截至2011年年底，360产品的月活跃用户数超过4亿，市场渗透率达到93.8%。

即使获得了成功，还是被人质疑，被人挑战，所以周鸿祎说："所有的创新者在刚开始的时候都必然是不被大家看好的，追逐潮流是没有意义的，坚持自己的理想，路遥知马力，日久见人心。"

或许因为创新是一条少有人走的路，导致人们漠视创新，甚至贬抑创新的价值，就连那些曾经勇于创新的人，也经受不住寂寞的煎熬，而选择了随众从俗。

20世纪60年代，王安，一个到美国闯天下的中国人，一举缔造了一个价值几十亿美元的现代神话，成为华人企业界的骄傲。1971年，王安公司研制出全球最先进的1200型文字处理机，这是当时世界上最先进的文字处理机，创造了计算机走向个人电脑的契机。当时因心肌梗塞住院的IBM掌门小托马斯·沃森看到这则消息，立刻昏了过去。在其后的20年中，王安不断推陈出新，事业蒸蒸日上。

然而，后来的王安固守成规，因为一系列错误的决策而把公司拖入泥沼。在20世纪80年代兴起的PC新浪潮中，他对苹果公司的努力嗤之以鼻，认为搞个人电脑是"闻所未闻的荒唐事"，结果与对手IBM、DEC一样，没有及时抓住这次重要的转型机遇。

在用人上面，王安也自缚手脚，拒绝采用现代化企业"专家集团控制，聘用优才管理"的新模式。1986年11月，王安不顾众多董事和高管反对，任命36岁的儿子王烈担任公司总裁。对此，美国人无法理解，但中国人却对"白帝托孤"很熟悉，那似乎是人之常情。王安的理由是："因为我是公司创始人，对公司拥有完全的控制权，所以我要让我的子女有机会证明他们的管理能力。"随后，大批追随王安多年的高管扬长而去。

最终，在竞争对手的打击下，王安公司渐渐失去了原有的优势，破产的命运也就在所难免了。1999年5月，一家荷兰公司以20亿美元收购王安公司，并表示不再使用王安品牌。名震全球的王安公司从此画上了句号。

　　后来，比尔·盖茨惋惜地说：“如果王安能再一次完成其战略转型，世界上可能就没有今日的微软，我可能就在某个地方成了一位数学家或一位律师。”

　　这就是墨守成规的沉重代价。